LES

TROIS RÈGNES

DE LA NATURE

PARIS. — IMPRIMERIE ARNOUS DE RIVIÈRE, RUE RACINE, 26.

LES

TROIS RÈGNES
DE LA NATURE

SIMPLES LECTURES SUR L'HISTOIRE NATURELLE

PAR

E. CORTAMBERT

ET

RICHARD CORTAMBERT

OUVRAGE CONTENANT 213 VIGNETTES INTERCALÉES DANS LE TEXTE

QUATRIÈME ÉDITION

PARIS

LIBRAIRIE HACHETTE ET Cie

BOULEVARD SAINT-GERMAIN, 79

1881

LES TROIS RÈGNES DE LA NATURE

SIMPLES LECTURES SUR L'HISTOIRE NATURELLE

INTRODUCTION

Que de choses intéressantes et admirables la nature offre de toutes parts autour de nous ! La vie entière de l'homme le plus laborieux ne suffirait pas pour étudier la millième partie de toutes les productions que la Terre étale à nos regards. Mais, au milieu de tant de merveilles, choisissons les plus frappantes, les plus propres à inspirer à nos jeunes lecteurs le goût de l'histoire de la nature.

Tous les corps répandus sur la Terre appartiennent à l'un des trois règnes suivants : le *règne minéral*, le *règne végétal*, et le *règne animal*. Le premier comprend les corps bruts et sans organes ; les deux autres sont organisés : ils naissent, se nourrissent, s'accroissent, et, après une vie plus ou moins longue, périssent d'accident ou de vieillesse. Mais les végétaux et les animaux présentent aussi entre eux des différences essentielles : ceux-là sont dépourvus de sensibilité et de mouvement ; ils sont fixés invariablement au lieu qui les a vus naître ; ceux-ci sentent et se meuvent, ils cherchent leur nourriture et la choisissent.

Chacun de ces trois règnes a ses beautés et ses avantages ; chacun aussi offre ses dangers et ses horreurs.

Le règne minéral nous présente l'éclat étincelant de ses cristaux, ses couleurs vives et variées ; les pierres et les terres dont l'homme construit ses habitations et quelques-uns de ses meubles les plus élégants et les plus utiles ; les métaux qui s'emploient dans presque tous les arts nécessaires à la vie ; les précieux combustibles enfouis dans le sol, et si importants pour notre chauffage, notre éclairage et la fusion des métaux. C'est le règne minéral, enfin, qui supporte les deux autres, et qui leur sert en quelque sorte de fondement et d'appui.

Mais ce règne menace aussi souvent l'existence des êtres organisés. Combien de fois, dans les montagnes, n'a-t-on pas vu des rochers se briser ou s'écrouler, écrasant les habitations, obstruant les rivières, qu'ils font déborder ! Que de malheurs ont causés les matières lancées par les volcans, les secousses redoutables des tremblements de terre et les poisons subtils d'une foule de substances minérales !

Le règne végétal répand sur le sol un aspect riant et gracieux. Qui n'admirerait le riche tapis de verdure et de fleurs dont Dieu a orné le globe ? Les végétaux portent des feuilles qui nous ombragent, des fruits qui nous alimentent, des sucs précieux qui nous rendent la santé. Ils fournissent des bois pour nous chauffer et pour construire nos maisons et nos vaisseaux. Enfin la plupart des animaux trouvent dans ce règne les éléments de leur vie.

Cependant une infinité de plantes sont remplies de substances vénéneuses, et donnent une prompte mort ; d'autres embarrassent tristement le sol, nuisent à l'agriculture, et étouffent, par leur multiplicité et leur importune vigueur, les végétaux utiles.

Quant au règne animal, c'est le plus admirable par son organisation, le plus varié, le plus généralement répandu, car il habite partout : à la surface du sol et dans les profondeurs, au sein des eaux, dans l'atmosphère, dans l'intérieur des plantes, dans le corps même des autres animaux. Que de merveilles nous présentent l'intelligence et l'instinct de tous ces êtres ! que de formes diverses, que de couleurs charmantes ! que d'habitudes intéressantes à étudier ! combien d'utiles services l'homme retire de la force, de la patience, de la docilité et de la matière même d'une foule d'animaux !

Mais, au milieu de ce règne, s'offrent aussi nos plus dangereux ennemis et les aspects les plus repoussants : il y a de hideux et redoutables reptiles, des quadrupèdes destructeurs, des oiseaux rapaces et d'innombrables insectes nuisibles.

Examinons chacun de ces règnes ; étudions-en les traits les plus saillants et les principales richesses.

RÈGNE MINÉRAL

DES MONTAGNES

Le règne minéral est l'objet des deux vastes sciences appelées *géologie* et *minéralogie*.

Ce qui frappe d'abord notre imagination dans l'examen des matières minérales, ce sont ces grandes masses qu'on nomme *montagnes*.

Tantôt élancées en aiguilles irrégulières et hardies, tantôt arrondies comme des ballons, tantôt terminées par des pics coniques, les montagnes présentent les aspects les plus variés, les plus pittoresques. On respire sur leurs cimes un air plus pur, plus salutaire ; on y embrasse par la vue d'immenses horizons, et l'on peut souvent y contempler les nuages et le tonnerre roulant loin au-dessous de ses pieds.

Les hauts sommets sont couverts de neiges continuelles ; ces neiges s'accumulent dans les vallées, sur les pentes des larges hauteurs, se transforment en glace par la pression qu'elles exercent les unes sur les autres, et composent alors les *glaciers*, dont les amas resplendissants et bleuâtres sont une des curiosités les plus étonnantes des grandes chaînes de montagnes. On en voit, dans les Alpes, qui n'ont pas moins de cinq ou six lieues de longueur, sur une lieue de largeur ; la *Mer de Glace*, qui est un glacier célèbre sur le flanc du mont Blanc, a, dit-on, dans quelques endroits, 250 ou 300 mètres d'épaisseur. Les glaciers sont ordinairement hérissés d'aspérités extrêmement pointues, formant de

Fig. 2. — Montagne.

petits obélisques de 10, 15 et jusqu'à 20 mètres de hauteur : de nombreuses crevasses ou fentes sillonnent la glace, et ont souvent une grande profondeur ; elles offrent de grands dangers aux voyageurs qui vont visiter ces solitudes redoutables. Cependant, munis d'un long bâton qui empêche de glisser, beaucoup de visiteurs franchissent ces amas de glace, dans lesquels des guides adroits savent tailler des escaliers avec la hache.

A l'approche du printemps, des glaciers glissent tout entiers sur les pentes des montagnes qui les portent, et c'est leur mouvement qui donne naissance à ces crevasses dont on vient

Fig. 3. — Glacier.

de parler ; alors il se fait un bruit semblable à celui du tonnerre, et qui retentit au loin dans les montagnes. On calcule que, généralement, ils descendent de 4 à 8 mètres par an ; plusieurs sont descendus jusqu'au fond des parties fertiles des

Fig. 4. — Mer de glace.

vallées, où ils contrastent avec la verdure et les fleurs qui les environnent.

De l'extrémité inférieure d'un glacier on voit ordinairement naître un torrent ou une rivière que produit la partie fondue de la glace : des voûtes creusées en forme de grottes se présentent quelquefois dans ces lieux ; on admire, entre autres, la grotte profonde et majestueuse creusée dans la Mer de Glace, et d'où sort avec impétuosité le torrent de l'Arveyron : c'est comme un palais de cristal orné de colonnes resplendissantes, dont les reflets azurés répandent leurs teintes sur les flots qui s'échappent de la grotte avec fracas.

Un autre phénomène commun dans les hautes montagnes, ce sont les *avalanches*, masses de neige qui se précipitent au fond des vallées, renversant tout sur leur passage, et entraînant les arbres, les rochers, les habitations. Il suffit qu'une petite boule de neige se détache de quelque sommet pour produire une effroyable avalanche : cette boule se grossit en roulant, et elle s'accroît si fort, qu'avant d'arriver au bas de la vallée elle peut acquérir la grosseur d'une maison, quelquefois celle d'une colline, et couvrir ensuite un immense espace

Fig. 5. — Source de l'Arveyron.

Fig. 6. — Avalanche.

Fig. 7. — Vallée de Goldau avant l'éboulement.

Fig. 8. — Vallée de Goldau après l'éboulement.

de terrain. Quelquefois elle se réduit en poussière à l'instant de sa chute, et cette poussière glacée s'élève à une grande hauteur et se répand au loin : c'est un spectacle à la fois magnifique et terrible. Ces masses redoutables se précipitent avec le fracas du tonnerre, et leur impétuosité est telle, qu'on a vu des hommes et des animaux privés de vie par le tourbillon d'air qu'elles produisent à quelque distance de leur passage.

Le vent, le moindre bruit, un oiseau qui se pose sur une pointe de rocher, suffit pour provoquer la chute d'une avalanche. Aussi les voyageurs doivent-ils, dans les passages étroits et dangereux, garder le silence et marcher doucement ; on pousse la précaution jusqu'à remplir les sonnettes et les grelots des chevaux et des mulets, pour que le son n'excite pas dans l'air un ébranlement funeste. En plusieurs endroits, surtout dans les Alpes, on a construit, au pied des montagnes, des voûtes maçonnées, et l'on a pratiqué, dans le roc, des cavités où ceux qui aperçoivent une avalanche en mouvement peuvent se retirer pour la laisser passer par-dessus. Quand ils sont dans un lieu sûr, les voyageurs tirent quelques coups de pistolet ou de fusil pour ébranler les pelotes de neige prêtes à tomber, et, après la chute des avalanches, ils continuent leur route sans crainte.

Quelque chose de plus terrible encore, ce sont les éboulements de montagnes, qui en un instant changent une contrée riante en un chaos affreux, où sont ensevelis pêle-mêle les hommes, les troupeaux et les maisons. La Suisse a été souvent le théâtre d'éboulements de ce genre : un des plus célèbres est celui du mont Rossberg, qui, en 1806, à la suite de pluies considérables, s'écroula dans la vallée de Goldau et transforma un canton délicieux en un pays misérable ; plus de cent personnes périrent dans ce désastre.

Une des questions qu'on ne manque pas de se faire en voyant les montagnes, c'est comment ces masses si imposantes, si énormes, ont été formées. La plupart des géologues croient qu'elles ont été produites par des soulèvements du sol. Il règne en effet une chaleur extrême dans l'intérieur de notre globe; cette chaleur, encore plus grande et plus puissante autrefois qu'aujourd'hui, a dû causer des bouleversements effroyables dans la croûte qui l'entoure, et les montagnes sont

Fig. 9. — Le Jorullo, volcan du Mexique.

sorties en quelque sorte du sein de la Terre, dont elles ont percé violemment l'écorce.

On a même vu, dans nos temps modernes, des portions de la croûte terrestre soulevées en masses par des causes intérieures : le mont Jorullo, au Mexique, s'éleva subitement en 1759 ; il sortit du milieu d'une plaine agréable et fertile, qu'il bouleversa entièrement ; l'éruption fut si violente, que d'énormes quartiers de rochers furent lancés, avec des flammes et des jets de boue, à une hauteur prodigieuse, et que les maisons d'une ville située à 200 kilomètres de là furent couvertes de cendres. Le Monte-Nuovo, près de Pouzzoles, dans le royaume de Naples, se forma tout à coup en 1568, et combla en partie le lac Lucrin. Plusieurs petites îles se sont élevées, à diverses époques, dans l'archipel des Açores. Sur la

Fig. 10. — L'île Julia.

côte occidentale de l'île Banda, dans l'Océanie, se trouvait une baie qui, en 1820, a été remplacée par un haut promontoire; en 1822, on observa que, sur une étendue de 120 kilomètres, la côte du Chili s'était considérablement élevée; en 1831, près de la Sicile, s'élança, du sein de la mer, l'île Julia, qui depuis s'est abaissée sous l'effort des flots. En 1866 et dans les années suivantes, des îlots se sont formés près de Santorin, dans l'Archipel, à côté d'autres îlots qui s'étaient soulevés au commencement du dix-huitième siècle. La Scan-

Fig. 11. — Le Vésuve en éruption.

dinavie tout entière s'élève graduellement d'environ un mètre par siècle; etc.

Il faut cependant convenir que toutes les hauteurs n'ont pas dû être formées par des soulèvements; sans doute plusieurs des moins considérables ont été produites par l'action de vastes masses d'eau, qui, au milieu de leurs grands mouvements, ont refoulé et amoncelé les matières minérales dans certaines positions.

Enfin, il s'est formé aussi des dislocations et des affaissements : des territoires entiers se sont déprimés et comme abîmés, en descendant profondément au-dessous des pays voisins; tels ont été le bassin de la mer Morte et la Hollande.

Parmi les montagnes, il en est qui, communiquant plus directement avec le foyer intérieur de la Terre, vomissent des pierres calcinées, des flammes, de la fumée, des cendres, des sables, quelquefois de l'eau et de la boue : ce sont les *volcans*. On compte sur le globe plus de 200 de ces terribles montagnes, qui épouvantent de leurs éruptions les pays d'alentour; il en existe un bien plus grand nombre éteints aujourd'hui, mais qui ont causé jadis d'immenses bouleversements. Les plus remarquables volcans d'Europe sont le Vésuve, en Italie, l'Etna, en Sicile, le Stromboli, dans les îles Lipari, et l'Hékla, en Islande.

Le Cotopaxi, en Amérique, dans la Cordillère des Andes, qui est tout entière volcanique, est peut-être la plus redoutable des montagnes ignivomes : parmi ses éruptions, une des plus fameuses est celle de 1742, dans laquelle la colonne de flammes et de matières embrasées s'éleva à 1000 mètres au-dessus du cratère; en 1744, le mugissement du volcan fut entendu jusqu'à 690 kilomètres de distance; le 4 avril 1768, l'immense quantité de cendres qu'il vomit plongea dans l'obscurité, durant la plus grande partie du jour, les vallées du voisinage. Les éruptions du volcan s'annoncent d'une manière effrayante par la fonte subite des neiges qui le couvrent, et qui se précipitent alors en torrents impétueux dans les campagnes d'alentour.

Fig. 12. — Le Cotopaxi.

Les côtes orientales de l'Asie ont de grandes bandes volcaniques. L'Afrique offre des îles de la même nature. Enfin l'Océanie a beaucoup de volcans, dont quelques-uns des plus terribles sont dans l'île Havaii.

Les minéraux fondus que les volcans rejettent descendent

Fig. 13. — Coulée de laves.

et coulent le long des flancs de la montagne, et forment ce qu'on appelle les *laves :* lorsque ces coulées sont encore chaudes, elles brillent pendant les ténèbres et ressemblent à des fleuves de feu. Des blocs considérables sortent souvent des cratères et s'élèvent à des hauteurs prodigieuses ; on les prendrait pour des globes lumineux : on a vu de ces blocs lancés à plus de 400 kilomètres du volcan.

Il y a des volcans qui ne vomissent que de l'eau et de la boue : on en voit plusieurs de ce genre en Italie, en Sicile et en Amérique. Le Maccaluba, en Sicile, offre une trentaine de petits cratères d'où s'échappe une eau boueuse et saline.

Les anciens mouvements volcaniques ont produit des résul-

Fig. 14. — Intérieur de la grotte de Fingal.

tats bien plus grands et plus étonnants que ceux des volcans actuels : telles sont les colonnes prismatiques de basalte qui forment quelques-unes des plus intéressantes merveilles de la nature. La *Chaussée* ou le *Pavé des Géants*, sur la côte nord-est de l'Irlande, est un assemblage étrange et grandiose de plusieurs milliers de colonnes de ce genre, rangées avec un ordre et une symétrie admirables ; elles forment le cap Bengore, qui s'avance majestueusement dans la mer et offre un escarpement de 100 mètres de hauteur La surface de ce cap, présentant la tranche de toutes ces colonnes, ressemble à un plancher carrelé avec des pierres hexagonales d'une grande régularité. La grotte de Fingal, dans l'île de Staffa, près de la côte occidentale de l'Écosse, forme un enfoncement de 83 mètres de longueur, de 30 mètres de largeur et de 20 de hauteur; la mer y pénètre, et permet de l'aller visiter en bateau. Les murs en sont formés de prismes verticaux de la plus grande régularité, et, en y entrant, on dirait une majestueuse nef d'église. Non loin de cette île, on remarque, dans celle de Mull, un cirque basaltique extrêmement curieux. Dans les parties centrales de la France, nous avons aussi des basaltes disposés d'une manière remarquable. Ils forment, en quelques endroits, des masses assez semblables aux tuyaux d'un orgue : on connaît, entre autres, les orgues de Bort, dans le département de la Corrèze, et les orgues d'Espaly, dans la Haute-Loire. Dans le nord de la Nouvelle-Écosse, en Amérique, se trouvent les gigantesques escarpements basaltiques de la montagne du Nord, auprès desquels les colonnes de Staffa et de la Chaussée des Géants ne sont que d'élégantes miniatures.

C'est à l'action volcanique que sont dus les *Geysers* ou *Geysirs*, célèbres jets d'eau bouillante situés en Islande, dans le voisinage du mont Hékla : du milieu d'une vallée sauvage, s'élancent avec bruit des sources chaudes, qui discontinuent quelque temps, puis remontent avec fureur.

Les *tremblements de terre* présentent des phénomènes qui ne sont pas moins redoutables que ceux des volcans : ils sont dus aussi à l'action de la chaleur intérieure du globe : ce sont des gaz qui cherchent une issue, mais qui, ne rencontrant pas de soupiraux par lesquels ils puissent s'exhaler, agitent violemment la surface de la Terre. Ces terribles convulsions de la nature s'annoncent par des sifflements, des craquements souterrains, des bruits que l'on compare à celui du canon ou au fracas des voitures roulant sur le pavé. Quelquefois, au contraire, un calme profond et funèbre règne dans toute la contrée. des animaux donnent des signes de frayeur, les oiseaux fuient vers leurs retraites, les quadrupèdes poussent des cris plaintifs. Bientôt la surface du sol s'agite comme la mer soulevée par les vents; de la fumée, des flammes même, s'échappent par les crevasses qui s'ouvrent et se referment à chaque instant : on a vu, durant ces secousses, des rivières cesser de couler, des

Fig. 15. — Les Geysers.

montagnes disparaître et laisser des lacs à leur place. La mer aussi roule avec fureur : ses eaux s'élèvent sur les côtes à des hauteurs considérables. Un même tremblement de terre se fait sentir souvent à des distances immenses : le bouleversement qui, en 1755, détruisit Lisbonne dans l'espace de deux secondes, agita les eaux de la Suisse et celles des côtes de Suède et des Antilles. L'Amérique du Sud est la région où ces phénomènes ont exercé le plus de ravages : en 1868, le Pérou, la république de l'Équateur et d'autres pays voisins de l'océan Pacifique ont éprouvé des secousses qui ont fait périr des centaines de milliers d'habitants. Les côtes de la Méditerranée sont exposées aussi à ce fléau : l'Italie, l'Espagne, l'Algérie, la Grèce et l'Asie Mineure l'ont souvent ressenti.

Les gaz sortis du sein de la Terre ont produit sans doute la plupart des *cavernes* et des *grottes*, profondeurs curieuses qui se trouvent ordinairement dans les montagnes. Les gaz auront soulevé et écarté certaines couches de terrain, et y auront formé des cavités, comme les gaz renfermés dans la pâte mise au four y créent de toutes parts des espèces de cavernes, qu'on observe facilement quand le pain est cuit. Les eaux peuvent aussi former ces cavités : supposons, en effet, qu'un ruisseau rencontre un banc de rochers qui l'empêche de couler plus loin sur la surface du sol ; que ce ruisseau trouve devant ce banc un terrain meuble et tendre ; il ronge ce terrain, y pénètre, il passe sous le banc de rochers, en emportant les matières minérales faciles à entraîner ; il augmente peu à peu le passage souterrain qu'il s'est frayé, et la grotte est formée.

On voit dans beaucoup de cavernes des jeux de la nature du plus grand intérêt : les eaux qui suintent de leurs voûtes entraînent souvent certaines substances minérales, qui s'agglomèrent à la longue et pendent de ces voûtes en grands cônes qu'on appelle *stalactites*. Les eaux, en tombant sur le sol de la grotte, y déposent aussi de ces mêmes matières minérales, qui finissent par former d'autres cônes ; on nomme ceux-ci *stalagmites*. Quelquefois les cônes d'en haut et les cônes d'en bas se joignent, et constituent, en s'accroissant, d'énormes colonnes qui décorent majestueusement ces salles souterraines.

Au lieu d'être en forme de salles, les cavités sont parfois sous des massifs étroits de rochers, et ne présentent que des passages sans obscurité : ce sont alors des *ponts naturels* : le pont d'Arc, sous lequel passe l'Ardèche, est, en France, une des plus remarquables curiosités de ce genre.

C'est encore dans les montagnes qu'on rencontre ces tor-

Fig. 16. — Tremblement de terre de Lisbonne.

rents rapides, ces *cascades* bruyantes et majestueuses, qui sont les plus intéressants spectacles de la nature. On admire,

Fig. 17. — Stalactites et stalagmites.

dans les Pyrénées, la cascade de Gavarnie, magnifique nappe de 434 mètres, qui tombe du mont Perdu dans un immense cirque de rochers. En Suisse, on va visiter, dans les Alpes

Bernoises, la cascade du Staubbach, haute de 300 mètres, et une foule d'autres cascades curieuses.

Dans le Tyrol, la petite rivière Ache tombe avec fracas d'une hauteur de 700 mètres.

Quand la chute est produite par un fleuve ou une grande rivière, on lui donne le nom de *cataracte*, plutôt que celui de cascade ; la plus belle cataracte de l'Europe est sans doute le *Riukan-Foss*, en Norvége : elle est formée par le Maau-elv, qui se jette dans le lac Miœs ; trois chutes distinctes la composent : les deux premières ont lieu sur des plans inclinés, et offrent chacune une nappe admirable ; la dernière les surpasse encore, et se précipite perpendiculairement de 266 mètres de haut ; lorsqu'on est convenablement placé pour voir à la fois ces trois chutes, dont la masse d'eau est immense, c'est un spectacle sublime que rien ne peut rendre.

La plus remarquable ensuite paraît être la cataracte du Luleå, en Suède : ce fleuve a, lorsqu'il se précipite, 500 mètres de largeur, et il tombe d'une élévation de 200 mètres. Son mugissement est terrible, et se fait entendre à une grande distance ; du fond du précipice, ses eaux s'élancent comme réduites en poudre, et couvrent les blocs des rochers voisins. En hiver, les froids rigoureux forment d'abord, à quelque distance de la base de la cataracte, une voûte de glace qui repose sur les deux rives ; cette voûte, croissant à chaque instant, atteint enfin la cime de la chute, et la recouvre d'une arcade majestueuse qui va rejoindre la superficie de la glace sur le fleuve, au-dessus de la cataracte. Au printemps, cette couverture naturelle s'écroule avec un bruit effrayant. On a vu des lièvres s'y placer assez fréquemment : et voilà pourquoi on a donné à cette chute le nom de *Niaumelsaskas* (saut du lièvre).

Celle du Rhin, à Schaffhouse, est fort belle aussi, mais n'a que 23 mètres.

C'est en Amérique que se trouvent les plus nombreuses et les plus belles cataractes. On admire celles du Missouri, du Missisipi. Le Niagara, qui porte les eaux du lac Érié au lac Ontario, a la masse plus imposante. « A l'endroit de sa chute, le fleuve « est partagé en deux bras inégaux par l'île de la Chèvre. Le « plus petit, du côté des États-Unis, a environ 200 mètres de « large; l'autre peut avoir une largeur de 1000 mètres, en sui- « vant le contour profond que décrit la chute. Un quart de lieue « avant d'arriver au précipice, le Niagara commence à former « des rapides furieux : il déroule sur les rochers sa nappe « écumante. La chute perpendiculaire a de 46 à 53 mètres.

Fig. 18. — Chute du Rhin, à Schaffhouse.

« On ne peut apercevoir le niveau que loin du lieu où l'eau « tombe; un chaos d'écume, d'eau jaillissante, de vapeurs où « l'arc-en-ciel se joue, voile la partie inférieure des cataractes. « On a construit, du côté du Canada, une espèce de tour en « bois avec un escalier tournant pour descendre du bord « du fleuve au-dessous de la chute. On se munit de vêtements « en toile cirée pour approcher du gouffre. A l'admiration « succède la terreur ; la clarté du ciel est voilée. Des masses « énormes de rochers sont suspendues sur ma tête. J'avance « entre la muraille du roc et la nappe d'eau : je ne vois plus « rien ; je n'entends plus. Je ne me décide à battre en re-

Fig. 19. — Cataracte du Niagara.

« traite que quand il ne m'est plus possible de respirer[1]. »

Signalons en Afrique l'admirable cataracte du Zambèze, que l'illustre voyageur Livingstone a découverte, décrite et décorée du nom de *Victoria*, si cher aux Anglais et prodigué à tant de lieux. Les cataractes du Nil, fort célèbres, ne sont que des rapides, c'est-à-dire des chutes de quelques mètres, qui disparaissent à l'époque des hautes eaux du fleuve.

DES PIERRES ET DES TERRES

Ce sont les pierres et les terres qui composent les plus grandes masses minérales du globe ; nous les voyons partout répandues en abondance autour de nous, et servir à chaque instant à nos usages les plus ordinaires. Examinons les principales de ces matières.

Le *calcaire* est une des pierres les plus communes et les plus utiles : lorsqu'on le chauffe fortement, il s'en dégage un gaz qu'on appelle *acide carbonique*, et il ne reste plus alors que ce qu'on nomme la *chaux vive*. Si l'on verse de l'eau sur cette chaux, il se produit un phénomène intéressant : l'eau se combine très-facilement avec la chaux, et il en résulte beaucoup de chaleur ; cette chaleur agit sur une autre partie de l'eau, et la convertit en vapeur : celle-ci s'échappe en faisant entendre une espèce de sifflement, et en brisant les morceaux de chaux dans lesquels elle se forme. Réduite en pâte, cette matière devient extrêmement utile pour unir et solidifier les matériaux des édifices.

C'est le calcaire qui forme ces belles colonnes de stalactites et de stalagmites qui décorent si magnifiquement plusieurs grottes; et c'est dans les stalactites et les stalagmites qu'on trouve l'*albâtre calcaire*. Cet albâtre n'est pas blanc comme

[1] *Voyage au pays des Osages*, par Louis Cortambert.

l'albâtre ordinaire, mais agréablement nuancé de couleurs jaunâtres et rougeâtres. Il y en a qu'on nomme *albâtre oriental* et qui est d'un blanc jaunâtre, avec des veines d'un blanc laiteux; une autre sorte s'appelle albâtre veiné ou marbre-agate, et il est composé de couches parallèles bien distinctes. Le plus estimé est jaune de miel, et offre des bandes ondulées de couleurs diverses et vivement tranchées. On en fait de fort beaux vases et des objets de curiosité et d'ornement.

Souvent le calcaire amené par les eaux enveloppe différents corps organiques, tels que des branches, des feuilles, des fruits, et, s'y attachant avec force, il en conserve exactement les formes. Il existe un grand nombre de sources qui jouissent ainsi de la propriété de donner l'apparence de pierre aux objets qu'on expose à l'action de leurs eaux. La fontaine de Saint-Allyre, à Clermont-Ferrand, est une des plus célèbres : si l'on y place un petit panier de châtaignes, de noisettes, de raisins, un nid garni d'œufs, etc., on les trouve, au bout de peu de jours, couverts d'une couche fort dure de calcaire. Ce calcaire s'appelle *incrustant* ou *concrétionné*.

Le *marbre statuaire*, qui a la blancheur et l'apparence du sucre, et les *marbres colorés*, si abondamment répandus, et dont l'emploi est si fréquent, appartiennent aussi aux pierres calcaires. Il faut encore y comprendre la *pierre lithographique*, qui se polit parfaitement, et sur laquelle on trace, avec un crayon gras, des dessins qu'on multiplie ensuite par l'impression; on peut aussi y graver, comme sur du cuivre, et la plupart de nos cartes géographiques sont aujourd'hui reproduites par ce moyen.

Enfin on trouve également dans les calcaires la *craie*, cette matière ordinairement blanche, qui, triturée et délayée avec de l'eau, fournit la pâte appelée *blanc d'Espagne* ou *blanc de Troyes*. On s'en sert, comme on sait, pour en faire des espèces de crayons avec lesquels on dessine sur les tableaux noirs ou sur du papier de couleur; on l'emploie à nettoyer et à polir les métaux, etc.

C'est dans les matières pierreuses que l'on place le *sel*, nommé plus exactement *chlorure de sodium*, sel marin ou sel de cuisine, pour le distinguer d'une grande quantité d'autres sels qu'on trouve dans la nature ou qu'on obtient par la combinaison artificielle de diverses substances. Le sel ordinaire se

Fig. 20. — Marais salants.

rencontre ou dans le sol sous la forme de véritables rochers, ou dans les eaux de la mer et dans celle de certaines sources, d'où on l'extrait par l'évaporation.

Le sel de la mer se tire généralement des marais salants, espèces de bassins qui reçoivent les eaux salées quand les marées sont hautes, ou dans lesquels on l'introduit au moyen de pompes ; là, la chaleur fait évaporer l'eau, et permet au sel de cristalliser. Dans le nord de l'Europe, on profite du froid pour retirer le sel des eaux de la mer, comme on se sert de la chaleur dans le midi : on introduit de l'eau marine dans les bassins ; il s'y forme une couche de glace qui n'est pas salée; on a soin de l'enlever tous les jours ; de sorte que ce n'est réellement que de l'eau qu'on enlève, et le sel reste. Lorsque l'eau a été ainsi congelée plusieurs fois, on achève l'évaporation dans des chaudières.

Quand ce sont des sources qui fournissent cette matière, on fait souvent descendre l'eau salée du haut de grands édifices qu'on appelle *bâtiments de graduation :* elle tombe en pluie à travers des branchages et des épines qui en retardent la chute, et l'air la fait évaporer pendant ce trajet. De là on la porte dans des chaudières où l'évaporation s'achève. Dans plusieurs pays, et principalement dans la Normandie, on traite l'eau de mer, pour en extraire le sel, de la même manière que l'eau des sources salées.

Le sel qui se trouve en roches dans le sol se nomme *sel gemme.* Nous en avons quelques mines dans l'est de la France, surtout dans le département de la Meurthe; mais la plus grande de l'Europe est certainement celle de Wieliczka, dans la Galicie. Elle est à l'immense profondeur de 257 mètres au-dessous de la ville de Wieliczka ; la partie exploitée a 367 mètres de large et environ 2230 de longueur. C'est un vaste souterrain, avec de grandes chambres voûtées, supportées par des colonnes de sel. Il renferme une population de 600 habitants, avec les logements nécessaires à chacun, et des écuries pour 80 chevaux. On y tient toujours allumées un grand nombre de lumières, dont la flamme, réfléchie de toutes parts sur la mine, la fait paraître tantôt claire et brillante comme le cristal, tantôt teinte des plus belles couleurs, ce qui présente un coup d'œil enchanteur. On y voit de vastes édifices pour l'administration; des chapelles et des autels, dont les ornements sont en sel ; plusieurs galeries plus élevées et plus larges que des églises ; enfin des lacs dont la grandeur exige des bateaux pour les visiter. Plusieurs centaines de mineurs et leurs familles y naissent et y finissent leurs jours.

Il est heureux que le sel soit une des matières les plus répandues dans la nature, car c'est aussi l'une des plus utiles.

Fig. 21. — Bâtiment de graduation pour l'évaporation du sel.

Il sert d'assaisonnement à nos mets frais, il préserve de la putréfaction les chairs que nous mettons en réserve pour nous nourrir ; on l'emploie pour l'amendement des terres ; on en consomme une grande quantité pour fabriquer l'acide chlorhydrique [1] et la soude artificielle ; on en fait le vernis de cer-

[1] Cet acide, qui est vendu dans le commerce sous la forme d'un liquide

taines poteries ; on en donne souvent aux bestiaux, qui en sont très-avides, et auxquels il est salutaire.

Cependant l'usage du sel est inconnu chez quelques peuples ; il est un objet de luxe chez d'autres, comme dans l'intérieur de l'Afrique : là les seules familles riches en ont la jouissance, et un enfant suce un morceau de sel comme si c'était du sucre. Cette matière sert même de monnaie dans plusieurs pays : chez les Mandingues, un morceau de sel, long de 58 centimètres, large d'environ 45 centimètres, et épais de 9 centimètres, vaut de 25 à 50 fr. ; et il est des contrées où le sel est échangé contre un poids égal d'or.

Le *chlorhydrate d'ammoniaque*, ou le *sel ammoniac*, est employé pour nettoyer les vases de cuivre qu'on veut étamer, et pour en retirer l'ammoniaque (ou alcali volatil), substance d'une odeur très-forte et très-pénétrante, propre à enlever les taches, etc. Il est ordinairement le produit de l'art, et s'obtient par la distillation des animaux morts. Cependant on le rencontre aussi dans la nature, au milieu des matières lancées par les volcans. Autrefois, tout celui qu'on employait dans les arts et la médecine était envoyé de l'oasis d'Ammon, en Afrique, où on le retirait de la fiente des chameaux, et c'est de ce pays qu'il a pris son nom.

Le *salpêtre* est un autre sel qu'on retire des platras de vieilles murailles, ou de la terre qui forme le sol des caves, des étables, etc. On l'emploie dans la fabrication de la poudre, en le mêlant au soufre et au charbon ; il sert à préparer l'acide nitrique ou acide azotique (eau forte) et l'acide sulfurique (huile de vitriol) ; quelquefois il peut être usité comme le sel pour conserver la viande, et la pharmacie le fait entrer dans la composition de plusieurs remèdes.

Le *gypse*, ou *sulfate de chaux*, qu'on appelle vulgairement *pierre à plâtre*, est une pierre naturellement brillante, mais qui, soumise au feu, perd l'eau qu'elle contenait, et devient

incolore, quelquefois jaunâtre, répand une odeur très-piquante lorsqu'on débouche les bouteilles dans lesquelles il est contenu ; on en extrait le chlore, et on l'emploie aussi à nettoyer les métaux que l'on veut ensuite souder ; étendu d'eau, il enlève les taches de rouille sur le linge.

blanche et terne : c'est ce qu'on appelle du *plâtre*. On bat cette matière, on la passe à travers une claie pour séparer les morceaux qui ne sont pas cuits, et on la tamise ; le plus fin et le plus blanc est employé pour les objets de sculpture ; le plâtre grossier, susceptible de plus de dureté, sert à sceller les ferrures dans la pierre, à enduire l'extérieur des maisons, à faire les plafonds. On le répand avec succès sur les prairies artificielles pour les amender. Benjamin Franklin, célèbre Américain, voulant démontrer combien le plâtre était bon comme engrais, fit ensemencer un vaste champ, et traça avec du plâtre, en lettres gigantesques, les mots suivants : *Ceci a été mis à l'engrais avec du plâtre*. La végétation devint si forte et si serrée aux endroits figurant des lettres, qu'il fut facile à tous les concitoyens du grand homme de lire ce précepte.

C'est encore le gypse qui donne cet *albâtre* d'un beau blanc de lait qu'il ne faut pas confondre avec l'albâtre calcaire, et qui sert, comme celui-ci, à la confection d'une foule d'ornements.

Le *quartz* est remarquable par son extrême abondance, et par les usages multipliés auxquels il se prête. On calcule qu'il forme presque un tiers de la masse totale de la croûte solide du globe.

Il comprend, parmi ses plus jolies pierres, le *cristal de roche*, qui a la limpidité de l'eau la plus pure. Le cristal de roche violet prend le nom d'*améthyste :* c'est une charmante pierre, susceptible d'un beau poli, et fréquemment employée dans la bijouterie ; on la place presque toujours à l'anneau pastoral des évêques : aussi l'appelle-t-on souvent *pierre d'évêque*. Les anciens attribuaient à l'améthyste la propriété de préserver de l'ivresse ; c'est pourquoi ils s'en mettaient aux doigts, ou s'en suspendaient au cou, lorsqu'ils faisaient de trop abondantes libations. Les améthystes les plus estimées viennent du Brésil et de la Sibérie. Le cristal de roche rose s'appelle *rubis de Bohême*.

La variété de quartz la plus répandue est le *sable siliceux*, composé de petits grains, tantôt isolés, tantôt agrégés ; dans le premier cas, c'est le sable proprement dit, qui forme les dunes mouvantes des bords de la mer, le fond du lit d'un grand nombre de rivières, et le sol de la plupart des plaines arides, par exemple des déserts de l'Afrique; c'est là le sable qu'on emploie pour la fabrication du verre, en le fondant avec de la soude ou de la potasse; en le mêlant avec de la chaux, on en compose les mortiers propres à solidifier les constructions de maçonnerie; son aridité même le rend utile pour l'agrément de nos jardins, où, répandu dans les allées et dans les autres lieux destinés à la promenade, il forme une sorte de pavé doux, et s'oppose à la croissance des mauvaises plantes. Lorsque les grains de sable sont agrégés et fortement unis entre eux, ils composent des *grès*, dont on fait des pierres de taille, des pavés, des meules à aiguiser, des plaques minces pour filtrer les eaux.

L'*agate* est une sorte de quartz qu'on trouve dans certaines roches sous la forme d'amande. On distingue les agates fines et les agates grossières : les premières, dont il y a de célèbres carrières à Oberstein, dans le pays de Birkenfeld, en Allemagne, ont des couleurs vives et diverses ; elles comprennent les *calcédoines*, qui varient du blanc laiteux au blanc roussâtre ou bleuâtre, et dont les plus belles, dites orientales, présentent des ondes ou de petits nuages pommelés qui font un assez bel effet. Elles comprennent aussi les *cornalines*, beaucoup plus estimées que les calcédoines. Les cornalines viennent généralement de l'Asie, et sont particulièrement employées pour la gravure et la sculpture : les Grecs et les Romains ont beaucoup gravé sur cette pierre. Il faut encore distinguer les *agates-onyx* ou agates-ongles, qui présentent plusieurs couleurs différentes, disposées en bandes, et ressemblant un peu quelquefois à celles qu'on observe sur les ongles de l'homme. Enfin on recherche certaines agates qui montrent dans leur intérieur des dessins noirs ou rouges représentant de petits arbres, des mousses ou d'autres plantes : on les appelle *agates arborisées* ou *herborisées*.

Les agates grossières sont les silex : tel est le silex pyromaque, ou la pierre à fusil, qui, frappée avec l'acier, donne de vives étincelles. La seule carrière de France où l'on exploite en grand cette matière est celle du canton de Saint-Aignan (Loir-et-Cher) : on y préparait environ 40 millions de pierres à fusil par an, avant l'invention des capsules.

Il faut aussi distinguer le *silex molaire* ou la *pierre meulière*, criblée de cavités, et qu'on emploie pour faire des meules de moulins et des pierres de maçonnerie.

Le quartz comprend encore le *jaspe*, qui est tout à fait opaque, mais doué de couleurs vives très-variées, et susceptible d'un beau poli.

L'*opale* est un quartz assez fragile, d'un éclat résineux : l'opale irisée et l'opale de feu sont fort belles.

Le *feldspath* est à peu près aussi dur que le quartz. Ses plus intéressantes variétés sont le feldspath *pétunzé* et le feldspath décomposé ou le *kaolin :* tous deux sont blancs, mais le kaolin est friable, tandis que le pétunzé se trouve en lames et en cristaux. Le kaolin a la propriété de résister à un feu très-vif; on en fait une pâte qu'on triture, et l'on obtient cette matière précieuse qui se nomme *porcelaine ;* l'émail dont on recouvre celle-ci se fait avec le pétunzé.

Le *mica* forme des lames minces et élastiques : quelquefois il compose de grandes feuilles transparentes qui peuvent remplacer le verre à vitre. Les Russes l'emploient beaucoup pour vitrer les vaisseaux de guerre, car il a l'avantage de ne pas se briser par l'explosion de l'artillerie ; ils s'en servent aussi pour garnir les lanternes, et souvent même pour les croisées des maisons ; on en exploite en Sibérie d'immenses quantités. Le mica pulvérulent se divise en petites paillettes brillantes qui ont la couleur de l'argent ou de l'or, et qu'on répand souvent sur l'écriture pour la sécher.

La *magnésite*, ou *silicate de magnésie*, est une terre blanche, légère, douce au toucher; l'*écume de mer*, avec laquelle on fait les belles pipes blanches du Levant, est une magnésite, qu'on trouve surtout dans l'Asie Mineure. On rencontre également dans la nature le *carbonate de magnésie*, qui, étant calciné, est fort employé en médecine.

Le *talc* offre, comme le mica, des feuillets faciles à détacher ; mais ils sont mous et non élastiques. Un des talcs les plus utiles est *la craie de Briançon*, qui est la base des crayons de pastel, et qui, réduite en poudre fine, s'emploie pour la préparation du fard, pour diminuer le frottement des machines, pour faciliter l'introduction des pieds dans les bottes, etc. Une autre sorte de talc est la *pierre de lard*, qui peut se couper comme du savon, et dont les tailleurs se servent pour tracer les coupes sur le drap.

L'*asbeste* ou *amiante* est une pierre fort singulière, composée de filaments minces et flexibles qui peuvent se filer comme le chanvre ou le coton. On en fait des tissus qui ont la précieuse propriété d'être incombustibles. Les Chinois en fabriquent des pièces entières d'étoffe; on en obtient aussi du papier, et il existe, dans la bibliothèque de l'Institut, un ouvrage imprimé sur cette matière. On en fait des mèches incombustibles, et qui n'ont conséquemment pas besoin d'être mouchées. En Corse, les potiers mêlent l'amiante à l'argile pour en fabriquer des poteries légères, fort solides, et qui résistent à l'action d'un grand feu.

Dès la plus haute antiquité, on employait les tissus d'amiante pour envelopper les corps qu'on brûlait, ce qui rendait facile la conservation des cendres des morts; mais les riches seuls pouvaient s'en servir, parce que ces tissus étaient d'un prix excessif.

Le *tripoli* est une matière d'une teinte rose ou blanche, qui, réduite en poudre, sert à polir les métaux.

Les *schistes* sont des roches qui se divisent en feuillets minces: un des plus précieux est l'*ardoise*, dont les feuillets sont solides, droits et sonores : généralement elle est grise; cependant on en trouve aussi de verdâtre, de rougeâtre et de violette. En France, les plus importantes ardoisières sont celles d'Angers et des Ardennes. L'ardoise sert à couvrir les maisons, à faire des tablettes pour écrire, et des crayons pour tracer les caractères sur ces mêmes tablettes; quelques variétés font de bonnes pierres à aiguiser, surtout des pierres à rasoir. Il existe des schistes bitumineux dont on extrait une matière oléagineuse propre à l'éclairage.

On nomme *argiles* des substances terreuses, tendres et

douces, qui ont été généralement charriées, broyées et réduites en limon par les eaux ; elles jouissent de la propriété de se délayer dans l'eau et d'y faire une pâte onctueuse, tenace, susceptible de se mouler et d'acquérir au feu une grande dureté. Celles qu'on appelle *argile figuline* ou *terre glaise* sont les plus intéressantes par leurs usages variés et importants : on en fait des poteries communes, les faïences, les briques, les tuiles. La nature a répandu avec profusion ces matières si utiles.

L'*argile smectique*, ou *terre à foulon*, a une pâte fine et savonneuse, employée pour enlever aux draps les parties huileuses mêlées à la laine.

L'*argile calcarifère*, qui se nomme *marne*, est extrêmement commune. Elle est souvent employée à faire des vases et des briques : la marne verdâtre est une bonne *pierre à détacher ;* mais l'un des usages les plus importants de la marne, c'est de pouvoir être mêlée aux terres pour les amender.

Nommons encore l'*argile ferrugineuse*, qui comprend les ocres, matières colorantes, et particulièrement la sanguine, qui sert à faire les crayons rouges.

Le *granite* est une pierre composée de grains de feldspath, de quartz et de mica étroitement unis et entrelacés. Généralement le granite est grisâtre ; cependant il y en a de rouge, de rose, etc. Un des plus beaux est le granite rouge d'Égypte, dont on a fait des obélisques et d'autres monuments célèbres : l'obélisque de Louqsor, qu'on voit sur la place de la Concorde, à Paris, est une seule pierre de granite. Cette matière est très-dure, et constitue le noyau de la plupart des principales chaînes de montagnes. Cependant elle ne présente pas dans les constructions autant de solidité qu'on pourrait le penser, parce qu'elle se décompose facilement à l'air, c'est-à-dire que ses grains se détachent les uns des autres et tombent.

La *syénite*, qui tire son nom de la ville de Syène, en Égypte, s'appelle encore granite noir antique ou basalte oriental : c'est une belle pierre, avec laquelle les Égyptiens ont fait des statues et de petits obélisques.

La *ponce* est une substance lancée par les anciens volcans, très-poreuse et fort légère : elle est âpre au toucher, et raye des corps très-durs, quoiqu'elle soit elle-même assez facile à briser : aussi l'emploie-t-on pour donner le poli à différents corps. On la tire des îles de Ponce et de Lipari, dans la mer Tyrrhénienne.

L'*obsidienne* est une matière également volcanique et qui ressemble à du verre : elle est ordinairement noire. Les peuples de l'antiquité et les Péruviens en ont fait des miroirs et des instruments tranchants.

Le *porphyre* est une roche formée d'une pâte feldspathique, renfermant des cristaux de feldspath : il est généralement fort dur, orné de couleurs variées, et peut recevoir un beau poli. On distingue le porphyre rouge antique, souvent employé par les Égyptiens pour faire des sépulcres, des statues, des obélisques ; il y a aussi le porphyre noir, le porphyre vert.

La *serpentine* est une roche tendre et douce au toucher, et la surface en est souvent veinée de vert, de jaunâtre ou de rougeâtre : on a comparé ces taches à celles que présente la peau des serpents, et c'est de là que vient le nom de cette pierre. Avec la *serpentine noble*, on fait divers ornements. Dans plusieurs pays, la serpentine commune sert à la fabrication de certaines poteries : on l'appelle alors *pierre ollaire*[1].

Le *basalte* est un ancien produit volcanique qui abonde en Auvergne et dans les autres pays où se trouvent des volcans éteints. Nous avons déjà parlé des admirables colonnades naturelles qu'il forme en beaucoup d'endroits ; il est fort dur, et on l'emploie pour la construction des maisons, pour l'empierrement des routes, pour divers objets d'ornement. Les anciens s'en sont servis dans un grand nombre de monuments ; les Égyptiens en ont fait des statues, des vases, et une foule d'autres ouvrages intéressants dont nous décorons nos musées.

La *pouzzolane* est une espèce de sable volcanique, précieux dans l'art de bâtir : en le mêlant à la chaux, on en fait un ex-

[1] Du mot latin *olla*, marmite.

cellent ciment hydraulique, c'est-à-dire un ciment propre aux ouvrages qui doivent rester sous l'eau.

Nous avons vu dans les quartz quelques *pierres précieuses*, c'est-à-dire de ces pierres que le lapidaire taille comme objets de parure, mais qui sont, dans le fait, moins *précieuses* que beaucoup d'autres ; il y a encore plusieurs pierres qui portent ce nom : les principales sont la topaze, la turquoise, le spath-fluor, l'émeraude, le zircon, le corindon, le spinelle. On y place communément aussi le diamant ; mais, dans la réalité, il n'est pas une pierre, comme nous le verrons par la suite.

La *topaze* est fort dure, ordinairement jaune ; souvent cependant elle est d'un bleu céleste, et quelquefois elle est incolore et limpide ; on en trouve fréquemment au Brésil. La Saxe et la Sibérie sont les autres contrées où l'on rencontre le plus de topazes. Chez les anciens, on croyait que cette pierre pouvait guérir de l'épilepsie.

Les *turquoises* sont opaques et compactes, d'un bleu céleste ou d'un vert pâle ; les plus estimées sont les turquoises orientales, qui viennent de l'Asie, et particulièrement de la Perse.

Le *spath-fluor* offre des cristaux ornés de teintes très-diverses ; une des variétés les plus recherchées est celle que l'on trouve en Angleterre, et qui est composée de couches successives, alternativement blanches et violettes ; on en fait des vases et des plaques d'ornement.

L'*émeraude* comprend plusieurs variétés intéressantes. L'émeraude proprement dite est d'un vert pur : on la trouve dans la Colombie et en Égypte. Il y a des émeraudes d'un bleu verdâtre, avec la teinte de l'eau de mer ; on les appelle *aigues-marines ;* c'est surtout en Sibérie qu'on les rencontre. — Les jaunes et les incolores se nomment *bérils ;* celles-ci sont assez communes, et l'on en trouve près de Limoges.

Les *grenats* sont ordinairement transparents et d'un beau rouge ; cependant il y en a de verts, de bruns et de noirs. Ce sont des pierres peu rares, par conséquent de peu de valeur dans la bijouterie ; on estime toutefois les grenats d'un rouge violet ou pourpré qu'on nomme *grenats syriens*, et ceux d'un rouge orangé qu'on appelle *vermeilles*.

Le *lapis* ou *lapis-lazuli* est une pierre opaque d'un bleu d'azur ; lorsqu'il offre un bleu très-vif et qu'il est exempt de taches, les artistes le recherchent beaucoup et le travaillent en forme de plaques. Mais le principal usage du lapis est de fournir à la peinture cette belle couleur bleue, presque inaltérable, connue sous le nom *d'outremer*.

Le *zircon* est fort dur, et c'est la plus pesante des pierres précieuses : tantôt il est orangé brunâtre, et se nomme alors *hyacinthe ;* tantôt il est incolore ou jaune verdâtre, et on lui donne, dans ce cas, le nom de *jargon*.

Le *corindon* est le minéral le plus dur après le diamant. La variété la plus précieuse de cette pierre est le *corindon hyalin*, dont les couleurs sont vives et variées, et que sa dureté et l'intensité de son éclat font estimer quelquefois presque à l'égal du diamant lui-même. Le rouge cramoisi s'appelle *rubis oriental ;* le jaune pur est la *topaze orientale ;* le bleu d'azur, le *saphir ;* le violet pur, l'*améthyste orientale ;* enfin le vert est l'*émeraude orientale*. C'est principalement dans l'Inde que se trouve le corindon hyalin ; on en a découvert en France dans le ruisseau d'Espaly (Haute-Loire) et au mont Dore (Puy-de-Dôme).

Quelquefois le corindon se présente mélangé de fer, et sa couleur est alors brune, gris bleuâtre ou rougeâtre ; dans cet état, il n'a rien qui flatte la vue, rien qui le fasse rechercher comme objet de luxe ; mais il a l'avantage d'être réellement utile : sous le nom d'*émeri*, il sert, réduit en poudre, à polir les métaux, les glaces, etc. On en trouve particulièrement en Saxe et dans l'île de Naxos.

Les *spinelles* sont presque aussi durs que les corindons, et leur vif éclat les place parmi les pierres les plus recherchées. Leur couleur générale est rouge, et on leur donne aussi le nom de rubis. Le spinelle rouge ponceau se nomme *rubis-spinelle ;* celui dont le rouge approche du rose intense ou du violâtre est le *rubis-balais*. C'est l'Asie, ce pays si riche en autres pierres précieuses, qui fournit les plus beaux spinelles.

DES MÉTAUX

Les métaux ont l'avantage d'être fusibles et malléables, c'est-à-dire qu'ils peuvent se fondre et se forger. Ce sont sans contredit les plus importants des minéraux, car on les emploie dans presque tous les arts les plus nécessaires à la vie : ils servent à fabriquer les instruments sans lesquels la plupart de ces arts n'existeraient pas, et ils sont même devenus les signes représentatifs de toutes les autres richesses, en circulant comme monnaie dans la société.

Les métaux se trouvent tantôt *natifs*, c'est-à-dire purs et libres, sans être mélangés à d'autres matières, tantôt en *minerais*, c'est-à-dire combinés avec d'autres substances, dont il faut les séparer, souvent avec beaucoup de difficultés et à grands frais.

Le plus lourd des métaux, et l'un des plus rares, est le *platine*, qu'on ne trouve guère que dans les monts Ourals, la Colombie et le Brésil. Ce métal est d'un gris d'acier tirant sur le blanc d'argent. Il résiste à une très-forte chaleur ; il est inaltérable à l'air, et les acides ne peuvent l'attaquer, à l'exception de l'eau régale (mélange d'acide nitrique et d'acide chlorhydrique); il est en même temps très-tendre et très-malléable. Le prix en est fort élevé : il vaut environ quatre fois plus que l'argent.

L'*or* est ensuite le plus lourd métal. Il se rencontre communément au milieu des sables charriés par les rivières, ou dans des matières roulées anciennement par les eaux. Il forme le plus souvent des *pépites* de toutes grosseurs, depuis celle d'une tête d'épingle jusqu'à celle du poing. Il en est même dont le poids dépasse 25 kilogrammes, et qui atteignent une valeur de 70 à 80000 fr. On trouve fréquemment aussi l'or associé au quartz. Les principales mines exploitées aujourd'hui sont celles de l'Australie, de la Californie, du Chili, du Brésil ; la Nouvelle-Grenade, le Vénézuéla, le Pérou, la Bolivie et le Mexique en possèdent aussi beaucoup. L'Afrique contient une grande quantité de poudre de ce métal. Les monts Ourals et divers cantons de l'intérieur de la Sibérie sont riches en or. Les mines de la Hongrie et de la Transylvanie sont presque seules exploitées aujourd'hui dans l'intérieur de l'Europe. Mais on recueille des paillettes d'or dans plusieurs rivières qui descendent des montagnes des Alpes, des Pyrénées et des Cévennes.

L'or n'est pas assez dur pour être employé seul : on l'allie toujours à une petite quantité de cuivre ou d'argent.

L'*argent* est presque moitié moins pesant que l'or. Ce métal est d'un blanc éclatant. Il est médiocrement dur. On le rencontre moins souvent à l'état natif qu'à l'état de minerai ; le minerai d'argent le plus abondant est le sulfure d'argent, c'est-à-dire une combinaison d'argent et de soufre. Les principales mines de ce métal sont celles du Mexique, de la Nevada (États-Unis), de la Californie et de la Bolivie. En Europe, les plus importantes sont dans la Norvége, l'Allemagne et la Hongrie. La France en a quelques-unes, où l'argent est mêlé au plomb.

Le *cuivre* se trouve aussi plus souvent en minerai que sous la forme native : parmi les minerais de cuivre, se trouvent les azurites et les malachites, qui forment de superbes masses bleues ou vertes. Nous n'avons en France qu'une mine de cuivre considérable, celle de Chessy, dans le département du Rhône. Mais cet utile métal est commun dans un grand nombre d'autres pays. Les contrées de l'Europe où il abonde le plus sont l'Angleterre, l'Espagne, la Suède, la Russie et l'Allemagne Il y en a de très-riches au Japon, au Chili, aux États-Unis : des masses considérables de cuivre natif ont été trouvées vers le lac Supérieur.

On sait qu'exposé à l'air, et surtout à l'air humide, le cuivre se recouvre d'un oxyde, c'est-à-dire d'une sorte de rouille, qui est un poison violent : c'est le *vert-de-gris*, substance redoutable, qui est cependant très-utilisée dans les arts à cause de sa belle couleur.

Le *mercure*, ou *vif-argent*, se présente ordinairement à l'état liquide ; mais un froid très-rigoureux peut le geler. Il est fort employé dans les sciences physiques, chimiques et médicales ; il entre dans la construction des baromètres et de certains thermomètres. Le seul minerai qui soit exploité pour en extraire ce métal est le sulfure de mercure, ou le cinabre, qui donne la belle couleur rouge nommée *vermillon*. Les principales mines de mercure sont celles de la Carniole, de la Bavière rhénane, d'Almaden en Espagne, de l'Amérique méridionale et de la Californie.

Le *fer* est certainement le plus utile de tous les métaux, et c'est aussi le plus abondant; il ne fond qu'à une température extrêmement élevée ; mais il se ramollit aisément au feu de forge ordinaire, et peut recevoir alors toutes les formes imaginables. Il provient, en général, de minerais ; communément c'est avec l'oxygène qu'il est combiné, et il s'offre sous une apparence rougeâtre ou jaunâtre. Il existe toutefois un minerai noir et brillant qu'on appelle fer magnétique ou aimant naturel ; c'est celui qui donne les fers de la meilleure qualité, entre autres ceux de Suède et de Norvége. Un barreau de ce fer attire l'autre fer, et, suspendu librement, il dirige l'une de ses extrémités vers le Nord, l'autre vers le Sud; par le contact et le frottement, il peut communiquer sa propriété à des barreaux d'autres fers. Grâce à cette précieuse propriété, on a pu établir la *boussole*, qui guide aujourd'hui les hommes dans l'immense étendue des mers.

Une sorte de fer nommée fer météorique compose souvent ces masses étranges qui, sous le nom d'*aérolithes*, sont tombées de l'atmosphère à diverses époques. D'où viennent ces singuliers fragments? Quelques savants les ont attribués aux éruptions des volcans de la Lune : mais l'opinion la plus générale aujourd'hui est que ce sont de petits corps planétaires qui circulent dans l'espace et qui quelquefois se trouvent engagés dans la sphère d'attraction de la Terre : là, pense-t-on, le frottement qu'ils éprouvent par leur contact avec l'air les échauffe, ils s'enflamment, et se brisent en éclats. Les aérolithes se présentent d'abord sous l'apparence d'un globe de feu qui se meut rapidement dans l'espace, lançant parfois des étincelles, et laissant derrière lui une traînée lumineuse. Après avoir brillé quelque temps, cette masse éclate tout à coup dans les

Fig. 22 — Grêle de pierres tombant d'un aérolithe.

régions supérieures de l'atmosphère, avec de fortes détonations suivies d'un bruit semblable au roulement de plusieurs tambours ; puis les aérolithes tombent avec une grande rapidité ; on entend les sifflements produits par leur passage, et ces masses s'enfoncent profondément dans le sol : une forte odeur de poudre ou de soufre se répand dans les lieux d'alentour. Les aérolithes ne sont pas toujours purement de fer ; la plupart, au contraire, ont une nature pierreuse, et tombent quelquefois en nombreux fragments, qui sont ce qu'on appelle une *pluie* ou *grêle de pierres*.

L'acier n'est autre chose que du fer avec lequel on a combiné un peu de charbon.

Le *manganèse* est un métal assez répandu, mais qui ne se trouve pas natif ; on le retire du minerai nommé *oxyde* de manganèse. Il est très-cassant, d'un blanc gris et brillant, quand on le brise. Une de nos principales mines de ce métal est celle de Romanèche, dans le département de Saône-et-Loire. Il est employé dans la verrerie sous le nom de *savon des verriers :* à une certaine dose, il décolore le verre et lui donne une grande limpidité : en forte dose, au contraire, il lui imprime une couleur violette.

L'*étain* se retire du minerai qu'on nomme oxyde d'étain. C'est le plus fusible des métaux usuels ; c'est aussi l'un des plus communément employés : allié au plomb, il constitue la soudure des plombiers ; réduit en lame mince, et amalgamé avec le mercure, il forme le *tain* dont on double les glaces : appliqué sur le cuivre, il constitue l'*étamage*, qui préserve ce dernier de sa dangereuse oxydation ; si l'on en recouvre des lames minces de fer, c'est-à-dire la tôle, on obtient du *fer-blanc :* en le combinant avec le cuivre, on forme l'*airain* ou *bronze*, dont sont faits les canons, les cloches, les statues. On trouve de très-riches mines d'étain en Angleterre, en Allemagne, dans la presqu'île de Malaka et en Amérique. La France n'en possède que très-peu.

Le *plomb* est, comme on sait, très-mou, facile à réduire en lames, et fusible à une faible chaleur : on le croit généralement le plus lourd des métaux, quoiqu'il soit moins pesant que le mercure, l'or et le platine. On ne le trouve pas natif, mais on l'extrait d'un minerai appelé galène où sulfure de plomb. La France en possède quelques mines, surtout dans les départements du Finisterre, de la Lozère, de l'Isère, de la Savoie, du Puy-de-Dôme ; l'Allemagne et l'Angleterre en ont bien davantage.

Le *cobalt* est un métal d'un gris rosâtre, facile à réduire en poudre, et très-employé dans les arts, surtout pour fabriquer de belles couleurs bleues.

Le *zinc* est un des métaux les plus usités dans les arts ; on en fait des baignoires, des seaux, des gouttières, etc. ; en l'alliant au cuivre, on obtient le cuivre jaune ou le laiton. Il brûle facilement et répand une flamme éblouissante, ce qui le fait employer dans la composition des feux d'artifice. Il ne se rencontre pas à l'état natif : on le retire des minerais connus sous les noms de *blende* et de *calamine*. La France a peu de mines de ce métal, et presque tout celui qui sert à nos usages vient de la Belgique, de la Prusse, de l'Angleterre et de l'Espagne.

L'*antimoine*, fragile et peu dur, est d'une grande utilité dans la médecine, et souvent aussi dans les arts, où il est ordinairement allié avec le plomb et avec l'étain : avec le plomb, il est employé, par exemple, à fabriquer les caractères d'imprimerie et des robinets de fontaines ; avec l'étain, qu'il rend plus dur, on en forme des planches qui servent à graver la musique. L'Auvergne, le Languedoc et le Poitou ont des mines d'antimoine ; mais, pour ce métal encore, nous sommes moins riches que nos voisins les Allemands.

L'*arsenic* est une substance métallique usitée surtout en médecine : ses propriétés vénéneuses le font employer à la destruction des animaux nuisibles, comme les rats et les souris ; et la *poudre à mouches*, qu'on appelle aussi *poudre de cobalt*, n'est autre chose que de l'arsenic réduit en poussière et mélangé avec de l'eau. Allié au cuivre, l'arsenic compose une matière nommée *cuivre blanc*, avec laquelle on fabrique, surtout en Allemagne, une foule d'objets d'utilité et d'agrément. Mais si l'arsenic est utile, que de malheurs n'a-t-il pas causés! C'est ordinairement ce redoutable métal que des mains criminelles choisissent pour l'empoisonnement.

Les accidents causés par l'arsenic se manifestent d'abord par des coliques atroces, des sueurs froides, des nausées, des vomissements de matières brunes mêlées de sang. Les premiers secours qu'il faut apporter alors consistent à faire boire au malade assez d'eau tiède sucrée pour déterminer le vomissement ; ou bien on peut faire prendre une infusion de graine de lin, ou de l'eau tenant en suspension un peu de craie réduite en poudre.

DES MATIÈRES MINÉRALES COMBUSTIBLES

L'homme trouve souvent dans le sein de la terre, plus abondamment encore que dans le règne végétal, les combustibles dont il a besoin pour s'éclairer, pour se chauffer, ou pour fondre les métaux.

Un des plus intéressants est le *soufre*, facile à reconnaître à la flamme et à l'odeur qui lui sont particulières. On le rencontre surtout dans les pays volcaniques, comme l'Italie, la Sicile, l'Islande ; l'exploitation des mines de soufre est ordinairement pénible et malsaine.

Le *diamant*, qui semble d'abord appartenir aux matières pierreuses, et qui est considéré vulgairement comme une pierre précieuse, est cependant une substance combustible, et ce n'est même que du charbon pur. C'est le plus brillant et le plus dur des minéraux. Les minéraux les plus denses, l'acier le mieux trempé, subissent tous la puissance du diamant. Il ne peut être usé que par lui-même, tandis qu'il raye les métaux.

Ordinairement les diamants sont sans couleur ; cependant il s'en trouve de jaunes, de verts, de roses, de bleus et de noirâtres. Les roses sont les plus recherchés parmi les diamants colorés ; mais on leur préfère en général les diamants incolores, lorsqu'ils sont d'une belle eau. Les diamants sont toujours ternes à l'état brut ; ils doivent tout leur feu, tout leur éclat, à l'opération de la taille et du poli. Mais, comme aucune substance n'est capable de les attaquer par le frottement, à cause de leur grande dureté, le lapidaire ne parvient à les user et à les polir qu'au moyen de leur propre poussière, appelée *égrisée.* Il faut aussi remarquer que ce minéral a la propriété de se laisser *cliver*, c'est-à-dire diviser en bandes parallèles, lorsqu'il est soumis dans un certain sens au choc d'une lame d'acier.

On emploie deux sortes de taille pour les diamants : la *taille en rose,* seulement employée pour les diamants de peu d'épaisseur ; la *taille en brillant,* la plus recherchée.

On évalue le poids des diamants en carats (le carat [1] équivaut à 2 grammes) : un diamant d'une belle eau, d'un seul carat, vaut environ 250 fr. ; un diamant de 2 carats, 1000 fr. ; de 6 carats, 5000 fr.

Parmi les diamants les plus célèbres par leur grosseur, on cite d'abord celui du rajah de Mattan, dans l'île de Bornéo ; il pèse 368 carats. On raconte qu'en 1820, le gouverneur de Batavia fit offrir à son heureux possesseur, en échange, deux bricks de guerre avec leurs canons, leurs munitions, plus une somme de 150000 dollars ; le rajah refusa. Il est presque le seul à contempler son diamant, car, redoutant qu'on ne le lui ravisse, il se garde bien de le montrer. Celui que le Grand-Mongol possédait au temps de Tavernier était de la grosseur d'un œuf coupé par le milieu : il pesait 279 carats. On l'évalue à 12 millions. Ce diamant est sans doute en ce moment à la cour de Perse sous le nom d'*Océan de lumière.*

Un diamant célèbre, nommé *Montagne de lumière*, et gros aussi comme la moitié d'un œuf, appartenait au prince de Lahore, dans l'Inde, et se trouve maintenant en Angleterre.

Le plus beau diamant de l'empereur de Russie, l'*Orloff*, pèse 193 carats : il est de forme ovale et de la grosseur d'un œuf de pigeon. Il a coûté 2250000 fr. à l'impératrice Catherine II. Celui de l'empereur d'Autriche est de 139 carats.

Le *Régent*, qui appartient à la couronne de France, ne pèse

[1] Le carat, pris pour terme de comparaison, est le poids ordinaire de la fève d'un arbre africain nommé *carat.* Cette fève était employée par les sauvages pour peser l'or.

que 137 carats : mais la taille en est admirable, et il passe pour le plus beau diamant que l'on connaisse : on lui donne une valeur de 12 millions de francs.

Les diamants étant presque toujours enveloppés d'une couche terreuse, la recherche en est assez difficile ; dans l'Inde, on lave d'abord le sable que l'on suppose devoir renfermer ces gemmes ; puis, cette première opération terminée, on répand le sable sur une aire, et des hommes, sous la surveillance d'inspecteurs, font la recherche en plein soleil. Les gros diamants sont extrêmement rares ; on a calculé que, sur dix mille diamants, il ne s'en trouve qu'un ayant une grande valeur.

Les plus riches mines de diamants sont celles de l'Hindoustan méridional, vers Golconde. On en trouve aussi au Brésil, à l'île de Bornéo et aux monts Ourals. C'est toujours dans les terrains sablonneux que gît ce charbon si recherché, et ordinairement on rencontre de l'or dans les mêmes endroits.

Le diamant n'est trop souvent, il faut en convenir, qu'un frivole objet d'ornement : cependant, rendons-lui justice, il est quelquefois fort utile : taillé en pointe, on l'emploie pour couper le verre et pour graver sur les corps durs.

Le *bitume* est un combustible qui se rapproche un peu des huiles ordinaires : il brûle avec flamme, et répand une odeur forte. On en distingue deux sortes : l'une, nommée *naphte* ou *pétrole*, sort de la terre sous la forme de sources jaunâtres ou brunâtres ; l'autre est solide, noire, et se nomme *asphalte*.

La seule source importante de pétrole en France est celle de Gabian, dans le département de l'Hérault : elle donne ce qu'on appelle vulgairement l'*huile de Gabian*. Il existe des sources de pétrole abondantes en Italie, en Sicile, dans l'empire d'Autriche, en Valachie, dans l'île de Zante, en Pennsylvanie (dans les États-Unis). Il y en a beaucoup en Asie, surtout dans le voisinage de la mer Caspienne, aux environs de Bakou ; là, ces sources enflammées naturellement répandent au loin, pendant la nuit, leur clarté sépulcrale, et les Guèbres, adorateurs du feu, viennent en pèlerinage vénérer leur divinité.

Les bitumes solides surnagent ordinairement sur la surface de certains lacs, et particulièrement du lac Asphaltite, en

Judée. Mais il en existe aussi des mines dans le sol : il s'en trouve une très-importante près de Seyssel, dans le département de l'Ain.

Les usages des bitumes sont très-multipliés. En beaucoup d'endroits, on s'en sert pour le chauffage ; ailleurs, pour l'éclairage. Ils entrent dans la composition de certains vernis noirs ; on en enduit les engrenages des grandes machines, les bois et les câbles qu'on veut préserver de l'humidité ; on en goudronne les vaisseaux et leurs agrès ; on en fait d'excellents mastics. Les anciens Égyptiens employaient l'asphalte de Judée et d'autres bitumes pour embaumer les corps et en faire ce que nous appelons les *momies d'Égypte*. Enfin on en compose des espèces de dalles, en les mélangeant avec du sable ; les boulevards, quelques ponts et diverses autres parties de Paris offrent aujourd'hui de jolis trottoirs en asphalte.

La *houille*, ou le *charbon de terre*, est le plus précieux des combustibles ; cette matière est très-abondamment répandue dans le sein de la terre, et donne, à volume égal, plus de chaleur que le bois. Elle brûle avec une odeur bitumineuse, car elle contient une certaine quantité de bitume. La France possède d'assez grands dépôts de houille, surtout dans les départements du Nord, de Saône-et-Loire, de la Loire, de la Moselle, de l'Allier, de l'Aveyron, du Gard, du Tarn, de Maine-et-Loire. La Belgique et la Prusse en ont des mines très-importantes. Mais l'Angleterre est le pays d'Europe le plus riche en charbon de terre ; et c'est sans doute à l'abondance de ce combustible qu'elle doit la haute prospérité manufacturière à laquelle elle est parvenue.

Les houillères des États-Unis sont aussi très-considérables.

La houille donne, par la distillation, le gaz hydrogène de l'éclairage ; elle se transforme, avant de se consumer entièrement, en une matière charbonneuse et poreuse qu'on appelle coke, et qui a la propriété de brûler sans dégager de fumée ; on utilise ce coke pour le chauffage.

L'*anthracite* ressemble beaucoup à la houille ; mais il brûle avec une flamme très-courte, sans fumée et sans odeur, car il ne contient pas de bitume. Il répand beaucoup de chaleur ;

et, dans les États-Unis, où il est commun, on en fait un grand usage. Nous en avons dans l'Anjou et le Maine.

Le *graphite*, qu'on nomme encore *plombagine* ou *mine de plomb*, quoiqu'il ne contienne pas un atome de plomb, est un charbon tendre et d'un gris noirâtre. On en fait des crayons. Il y avait, en Angleterre, du graphite remarquable par sa finesse et sa douceur, et les crayons qu'on en faisait étaient supérieurs à ceux de la plupart des autres pays. Mais les mines en sont épuisées. Aujourd'hui les plus précieuses mines de graphite sont en Sibérie.

Toutes ces substances minérales charbonneuses, les graphites, les houilles, les anthracites, le diamant lui-même, ne paraissent être que des débris d'anciens végétaux. Cette origine est encore bien plus évidente dans le *lignite*, appelé aussi bois bitumineux ou bois fossile : c'est une matière noire ou brune qui provient d'anciennes tiges d'arbres, et qui s'allume et brûle avec autant de facilité que le bois sec. On distingue parmi les lignites le *jayet* ou *jais*, d'un noir brillant, employé pour faire des bijoux de deuil. Il y a dans les Bouches-du-Rhône une importante exploitation de lignite.

La *tourbe*, qu'on trouve en abondance dans certains pays marécageux, est formée de débris d'herbes carbonisés. Elle est employée pour le chauffage dans la Flandre, l'Artois, la Picardie, etc., et ses cendres servent utilement pour amender les terres.

L'*ambre jaune*, ou le *succin*, est une sorte de résine qui provient sans doute d'anciens végétaux enfouis dans le sol depuis bien des siècles. Il répand en brûlant une odeur agréable ; on l'emploie surtout comme objet d'ornement ; on en fait des colliers, des boutons, de petits meubles. C'est sur les côtes de la Baltique, en Prusse, qu'on le recueille.

Si l'on frotte, avec une étoffe de laine ou une peau garnie de son poil, un morceau d'ambre jaune, on voit que les petits corps légers avec lesquels il est en contact sont attirés vers lui et s'y attachent ; cette propriété a été appelée *électricité*, parce que les Grecs donnaient à l'ambre le nom d'*electron*. Mais l'électricité a été reconnue dans bien d'autres corps, et elle est devenue l'une des plus vastes et des plus intéressantes parties de la physique.

DES FOSSILES

En examinant les couches intérieures du sol, on y découvre avec curiosité et un vif intérêt une foule de débris d'animaux et de végétaux appartenant à des espèces qui n'existent plus aujourd'hui. Ces débris s'appellent *fossiles*. L'étude en forme une science toute nouvelle qu'on nomme *paléontologie;* elle a été créée par notre immortel Georges Cuvier, à qui il suffisait d'avoir sous les yeux un os, une mâchoire, une partie quelconque du corps d'un animal, pour reconstruire l'être de toutes pièces, et pouvoir dire ses habitudes, ses instincts, son séjour.

Maintenant, grâce aux travaux de ce grand naturaliste et à ceux de ses savants imitateurs, on peut lire l'histoire de notre globe, et affirmer qu'il n'a pas toujours eu la même enveloppe; qu'il a éprouvé des cataclysmes divers ; que des mers, des lacs, des fleuves, ont couvert des pays aujourd'hui émergés, tandis que d'autres pays se sont plongés sous les eaux ; enfin que l'on compte dans la formation de l'écorce terrestre des époques successives et distinctes.

Étudions ces époques : enfonçons-nous dans les profondeurs du sol, et visitons ces êtres qui ne sont plus.

D'abord, nous franchissons les terrains les plus nouveaux, ceux qu'ont charriés les eaux des fleuves, des rivières et des ruisseaux actuels ; ceux qu'ont déposés et déposent tous les jours les flots de nos mers ; ceux qu'amoncellent les vents ; ceux qui sont composés des débris de nos végétaux ; qui sont remués, transformés et engraissés par nos cultures ou formés des débris des monuments de l'industrie humaine. Ces terrains superficiels sont les *alluvions*, les *terres végétales*, les *tourbes*, les *détritus*. On y trouve en grand nombre les restes des animaux et des végétaux appartenant aux espèces qui vivent aujourd'hui. Ce ne sont pas encore des fossiles.

Mais allons plus bas. Dans les plaines, sur les plateaux, sur les flancs des vallées, nous rencontrons des dépôts qu'on nomme *diluvium*, *terrain diluvien* ou *terrain quaternaire*,

Fig. 23. — Éléphant Mammouth.

et qui paraissent dus à l'action d'un grand déluge; non le déluge de Moïse, mais un déluge plus ancien, qui s'est répandu sur la Terre avant la création des espèces actuelles des êtres organisés. Les espèces qu'on y trouve sont fossiles et diffèrent cependant peu de celles que nous voyons aujourd'hui vivantes;

on y remarque des éléphants, particulièrement l'éléphant *mammouth*, très-commun dans la Sibérie et dans les îles Liakhov, c'est-à-dire dans des contrées extrêmement froides où les éléphants actuels ne pourraient pas vivre; ces animaux avaient le corps couvert d'une fourrure touffue, et sur le cou une énorme crinière : leurs défenses étaient très-longues, et elles fournissent l'ivoire fossile, objet d'un grand commerce dans le

Fig. 21. — Mastodonte.

nord de l'Asie ; des chairs épaisses, conservées par la glace, recouvrent encore quelquefois leurs ossements. On voit aussi, dans ce terrain, des rhinocéros, des hippopotames, des chevaux, des bœufs, des ours, des hyènes, des cerfs, des singes, etc.

Et l'homme, s'y rencontre-t-il ? Jusqu'à ces derniers temps on ne le croyait pas; mais M. Boucher de Perthes a enfin découvert une mâchoire humaine en 1863 ; quelques autres débris humains ont été trouvés depuis. Il y a donc un *homme fossile;* mais l'espèce en diffère sans doute de la nôtre, telle que l'histoire la dépeint depuis cinq ou six mille ans ; cet homme antique, probablement très-sauvage, savait cependant déjà *tailler* les pierres en instruments divers, car on découvre dans le diluvium de nombreux silex travaillés en haches, en couteaux, etc.

En suivant les fossiles que nous venons de décrire, on entre dans les couches plus anciennes des terrains dits *tertiaires*,

Fig. 25. — Paléothère.

qui présentent des genres d'animaux voisins de ceux d'aujourd'hui, mais assez différents néanmoins pour qu'il ait fallu créer des noms nouveaux : tels sont les *mastodontes* (c'est-à-dire animaux à dents mamelonnées), énormes quadrupèdes, dont la taille était au moins égale à celle de l'éléphant; on en a trouvé de nombreux débris en Amérique; mais l'Europe en possède aussi, surtout dans les cavernes, car les cavernes, asiles commodes pour les animaux, sont souvent des dépôts très-intéressants de fossiles.

Tels sont encore les *dinothères* (c'est-à-dire animaux terribles),

Fig. 26. — Anoplothère.

assez semblables au tapir actuel, et qui surpassaient en grandeur et en force les éléphants; — les *paléothères* (c'est-à-dire vieux

Fig. 27. — Xiphodon.

animaux), qui ressemblaient aussi au tapir et dont la taille variait de la grosseur du cochon à celle de l'hippopotame; —

les *mégathères* (c'est-à-dire grands animaux), qui avaient la grandeur de l'éléphant, quoiqu'ils appartinssent à un ordre faible et petit aujourd'hui, celui des édentés; — les *anoplothères* (c'est-à-dire animaux sans défense), amphibies herbivores, de la taille et un peu de l'apparence d'un âne; — les *xiphodons*, etc.

Ce terrain renferme aussi des oiseaux qui rappellent les cailles, les bécasses, les ibis, les cormorans, les chouettes;

Fig. 28. — Cérithes.

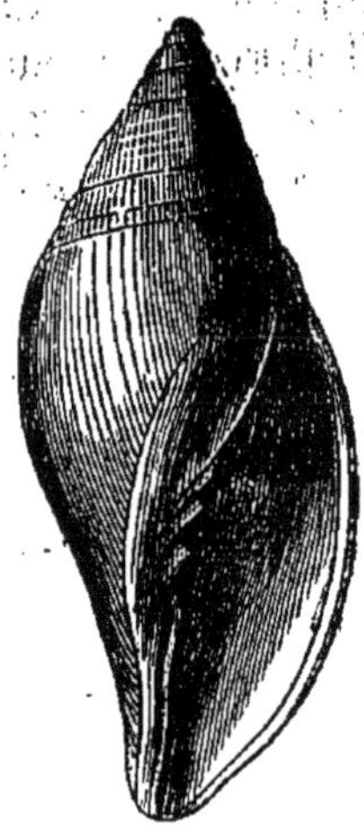

Fig. 29. — Volute.

— des reptiles, qui se rapportent aux salamandres, aux tortues, aux crocodiles; — des poissons nombreux, et surtout des coquilles, comme de jolies cérithes, des volutes, des turritelles, etc.; en même temps qu'un assez grand nombre de plantes phanérogames (plantes à fleurs).

Nous entrons ensuite dans des terrains plus anciens et nommés vulgairement *secondaires*, où abondent la craie, le calcaire, les grès. Là, nous ne trouvons plus de fossiles de mammifères, mais nous observons des reptiles gigantesques, qui diffèrent tout à fait de ceux d'aujourd'hui : ce sont les *plésiosaures*, voisins des lézards par leur conformation, ayant 8 et 9 mètres de long, pourvus d'un cou immense, terminé par une petite tête, et paraissant munis d'organes propres au vol; — les *ptérodactyles*, qui, possédant sans doute une membrane

Fig. 30. — Ptérodactyle.

analogue à celle des doigts des chauves-souris, devaient voler aussi; — l'*ichthyosaure*, qui était un assemblage de lézard, de poisson et de cétacé; — l'*iguanodon*, dont le corps, aussi gros que celui d'un éléphant, a plus de 26 mètres de longueur; — le *mégalosaure*, qui devait être un animal marin grand comme la baleine et très-vorace.

Il y a là aussi beaucoup de poissons et d'innombrables mollusques, dont les plus remarquables sont les *ammonites*, coquilles roulées en forme de corne de bélier; — les *bélemnites*, long coquillage semblable à un fer de lance ou à un fuseau; — les *gryphées*, etc.

Fig. 31. — Ammonite.

Il s'y trouve en même temps un grand nombre de plantes, la plupart aquatiques, ou appartenant aux familles des conifères et des cycadées; il devait y avoir à cette époque de vastes et sombres forêts, que rappellent nos pins et nos sapins.

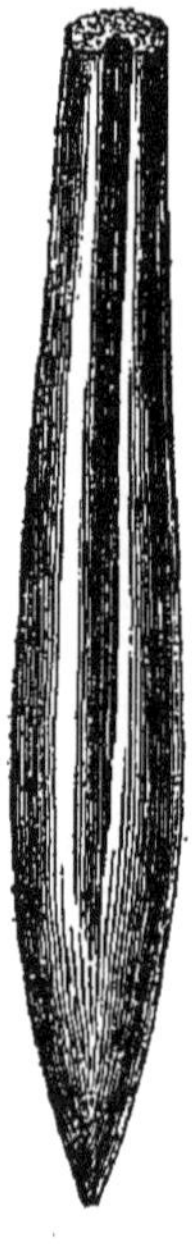

Fig. 32. Bélemnite.

Descendons plus avant : nous pénétrons dans le *terrain carbonifère*, dont une des parties les plus importantes est le *terrain houiller*, si précieux par le combustible qu'il fournit, le charbon de terre, l'âme de l'industrie. Ce terrain se présente sous la forme de plissements innombrables, tantôt anguleux, tantôt courbes et onduleux, et il atteste les brusques et vastes mouvements qui l'ont agité et contourné en tous sens.

Les fossiles du terrain carbonifère sont des poissons, des mollusques, mais surtout des végétaux cryptogames, semblables à nos fucus, à nos fougères, à nos prêles, seulement beaucoup plus grands et constituant de véritables arbres. Les houilles ne sont que les restes carbonisés des épaisses forêts qu'ils formaient. C'étaient des plantes sans fleurs, beaucoup vivaient dans l'eau, et l'aspect de la nature, privée alors d'animaux terrestres et d'oiseaux, devait être triste et morne.

Fig. 33. — L'Iguanodon et le Mégalosaure.

D'autres terrains encore plus anciens s'offrent enfin à nous. Ce sont ceux qu'on appelle de *transition*, parce qu'ils sont intermédiaires entre les terrains que nous venons de voir et ceux qui n'ont pas de fossiles et dont nous allons parler tout à l'heure.

Ils sont généralement feuilletés, divisés en couches minces et désignés sous le nom de schistes ; les ardoises et les marbres y abondent. Les fossiles s'y composent de coquillages et de végétaux assez rapprochés de ceux des terrains précédents.

Voilà tous les terrains qui ont été déposés par l'action des eaux et qui ont reçu dans leur ensemble le nom de *neptuniens* (de Neptune, dieu des eaux), ou celui de *sédimentaires* (parce qu'ils sont disposés par couches). Mais il reste encore une importante masse du sol, privée de fossiles, qui a été produite par l'action du feu intérieur du globe, et qui en a reçu le nom de *terrains ignés* ou *plutoniens* (de Pluton, dieu des enfers, c'est-à-dire de l'intérieur de la Terre). Les plus anciens terrains de ce genre sont appelés *primitifs*, et se composent de granites, de gneiss, de micaschistes, etc. : ils se sont soulevés en fusion des entrailles du globe, et l'ont enveloppé partout, mais ne montrent leur aride nudité qu'en un certain nombre de points élevés, parce que les terrains à fossiles les recouvrent dans la plupart des pays.

Çà et là on aperçoit d'autres terrains ignés, très-nouveaux comparativement : ce sont les terrains *volcaniques*, qui ont été formés par des éruptions dues à la chaleur intérieure de la Terre : on y voit les basaltes, les laves et autres pierres que nous avons décrites dans le chapitre précédent.

Nous ne quitterons pas les matières qui composent l'écorce du globe, sans faire une remarque importante. Nous avons dit que nous sommes *descendus* pour voir la succession des terrains; mais il faut s'entendre, et ne pas prendre notre descente toujours à la lettre. Les terrains ne se recouvrent pas exactement, comme la peau recouvre la chair, comme la chair recouvre les os, comme une nappe recouvre toute la surface d'une table. Il faudrait plutôt comparer les terrains à des feuil-

Fig. 31. — Forêt de l'époque houillière.

les de papier de dimensions diverses, qu'on déposerait sans ordre sur une table les unes sur les autres : supposons la première moins grande que la table, sur laquelle elle s'étend sans la cacher tout entière : si cette table, dans notre comparaison, représente les terrains primitifs, ceux-ci se verront encore en une certaine étendue. Une autre feuille de papier, moins grande, recouvre la première, sans la voiler entièrement ; une troisième, plus petite, se place sur les premières sans empêcher de les apercevoir dans plusieurs de leurs parties ; et ainsi de suite.

RÈGNE VÉGÉTAL

DISTRIBUTION GÉNÉRALE ET COMPOSITION DES VÉGÉTAUX

Ce règne, objet de la science appelée *Botanique*, est comme un magnifique tapis répandu sur la Terre. Il se montre surtout riche et vigoureux dans les parties équinoxiales du globe : c'est là que les fruits et les fleurs ont leurs plus vives couleurs, leurs saveurs les plus fortes, leurs odeurs les plus suaves ; là, les arbres des forêts, parés d'une verdure éternelle, présentent dans leurs formes une grâce et une majesté qu'on ne trouve plus dans les régions tempérées. Mais celles-ci se couvrent, par les soins de l'homme, d'une végétation utile : il y a de beaux champs de céréales, des coteaux revêtus de vignes, des vergers peuplés de fruits sains et agréables.

A mesure qu'on approche des pôles, la végétation diminue ; et, dans ces pays glacés, la nature se montre dans une affreuse nudité. Cependant les pins, les sapins et les bouleaux s'y avancent loin encore, et les rochers déserts y sont tapissés de mousses et d'autres petites plantes.

De toutes les apparences extérieures qui, dans le monde physique, influent sur la disposition de notre âme, la masse des plantes est sans contredit la plus puissante. Quelle différence de sensations n'éprouve pas l'homme dans les riantes vallées de la Grèce ou de l'Asie Mineure, au sein des cultures fécondes de l'Europe moyenne, dans les sombres forêts du Nord, et sous l'ombrage du palmier majestueux, au milieu de la végétation embaumée des Tropiques! Et, dans un même pays, ne se sent-on pas différemment disposé à l'ombre épaisse des hêtres, au pied des noirs sapins, et sous les feuilles tremblantes du bouleau?

Chaque végétal naît, en général, d'une *graine*, composée de deux parties essentielles: une *amande*, et un ensemble de téguments, nommé *enveloppes*, qui recouvre cette amande. Dans celle-ci, on distingue encore deux parties: l'*embryon* ou *plantule*, et l'*albumen;* qui enveloppe l'embryon. L'albumen peut manquer; l'embryon seul est constant. C'est cet embryon qui, par la germination, doit s'accroître, se développer, et former une plante. Il est composé de trois parties : 1° la *radicule*, dirigée vers l'extérieur de la graine, et qui, à la germination, sort la première et tend à descendre pour former la racine de la nouvelle plante; 2° la *plumule*, qui tend à monter pour former la tige; 3° les *cotylédons*, qui sont les représentants des premières feuilles, et qui prennent, en sortant de terre, le nom de *feuilles séminales*.

L'embryon est la partie essentielle de la graine; aussi, les grandes divisions du règne végétal ont-elles été fondées, d'après de savants botanistes, sur sa structure ou sa composition: les plantes *dicotylédones* sont celles dont les graines comprennent deux cotylédons opposés; les plantes *monocotylédones* n'ont qu'un seul cotylédon. On a nommé plantes *acotylédones* celles dans lesquelles on n'observe point de cotylédons, ni même d'embryon proprement dit.

On vient de voir que la graine produit d'abord une *racine*, qui tend à s'enfoncer dans la terre, et une *tige*, qui tend à s'élever, cherchant l'air et la lumière. L'une et l'autre, ordinairement, se ramifient et se divisent en branches et en rameaux de plus en plus amincis. Les racines, par exemple, se couvrent de *radicelles*, ou filaments déliés, propres à absorber, par leurs extrémités, les sucs nourriciers qui, dans toutes les plantes, sous le nom de *séve*, montent de proche en proche.

Fig. 35. — Racine pivotante.

Fig. 36. — Bulbe.

Elles présentent deux formes distinctes: elles sont *pivotantes*, si elles offrent un tronc principal qui figure un long cône enfoncé perpendiculairement dans le sol; — *fibreuses*, s'il n'y a point de racine principale, mais seulement un grand nombre de radicelles partant de la tige. On a longtemps confondu avec la racine de véritables tiges souterraines auxquelles se rattachent les radicelles : ces tiges inférieures sont tantôt un *bulbe* ou *oignon*, comme dans le lis, tantôt des *tubercules*, comme dans la pomme de terre. L'existence des racines, et par conséquent des plantes, est tantôt bornée à un an, tantôt à deux, quelquefois à un nombre déterminé d'années ; quelques-unes

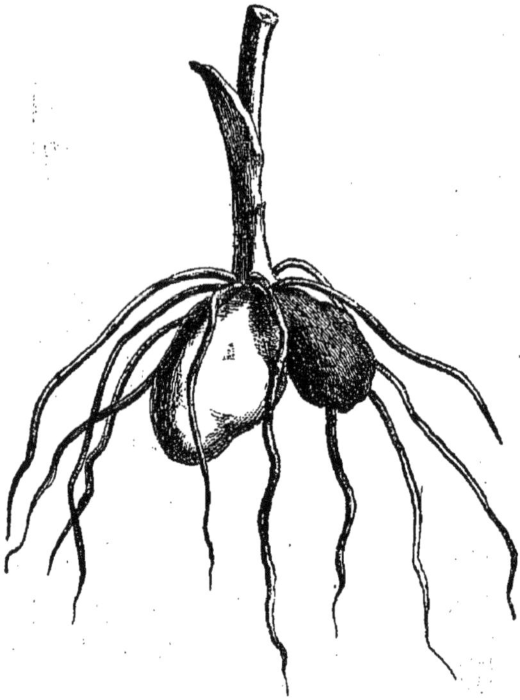

Fig. 37. — Tubercules.

vivent un temps presque illimité. De là, les expressions de plantes *annuelles*, *bisannuelles*, *vivaces*.

La tige est ordinairement *verticale*, quelquefois *oblique*, d'autres fois *rampante*. Elle est *traçante*, lorsque du pied principal partent des rejets, ou de petites tiges latérales, qui s'étendent sur la terre et s'y attachent par des racines, en reproduisant de nouvelles tiges. On la nomme *radicante*, lorsqu'elle émet, souvent d'une grande hauteur, des racines qu'on voit descendre sur le sol et s'y fixer. La tige est *sarmenteuse*, si, longue et faible, elle grimpe sur les corps voisins, ou s'y at-

Fig. 38. — Vrilles du pois.

tache par des vrilles, et elle reçoit la dénomination particulière de *grimpante* ou celle de *volubile* quand elle s'enroule autour des appuis.

Une tige *herbacée* est celle qui, tendre et verte, périt chaque année ; la tige *demi-ligneuse* a une base qui durcit et persiste plusieurs années, tandis que ses rameaux sont herbacés et périssent tous les ans ; enfin la tige est *ligneuse*, lorsqu'elle offre une consistance solide, et qu'elle persiste, ainsi que ses rameaux, un grand nombre d'années. C'est d'après la considération des tiges que l'on divise les plantes en *herbes*, *sous-arbrisseaux*, *arbustes*, *arbrisseaux* et *arbres*. Plusieurs de ces derniers vivent un nombre prodigieux d'années : quelques baobabs ne doivent pas avoir moins de 5000 ans d'existence ; les chênes et les tilleuls atteignent de 900 à 1000 ans ; on a vu des cèdres de plus de 2000 ans.

Fig. 39. — Tige grimpante du liseron.

La tige varie considérablement dans sa consistance. Elle est tantôt *solide* ou *pleine*, comme dans la plupart des arbres ; tantôt *creuse*, lorsque, présentant une cavité longitudinale, elle forme une sorte de tube ; tantôt *médulleuse*, c'est-à-dire remplie de moelle. Dans certains végétaux, elle est *spongieuse* ; dans d'autres, *charnue* et *succulente*. On la dit *noueuse*, lorsqu'elle offre, d'espace en espace, des nœuds, ou des parties renflées plus solides que le reste de la tige ; *articulée*, lorsqu'elle a des places renflées ou non renflées où elle se rompt plus facilement qu'ailleurs.

Les tiges ligneuses présentent deux conformations principales : l'une, à laquelle on donne le nom spécial de *tronc*, est propre aux plantes dicotylédones, et constitue un cône allongé, nu inférieurement, et divisé supérieurement en branches, qui se divisent elles-mêmes en rameaux, partagés en ramuscules. Cette tige est composée de couches concentriques et superpo-

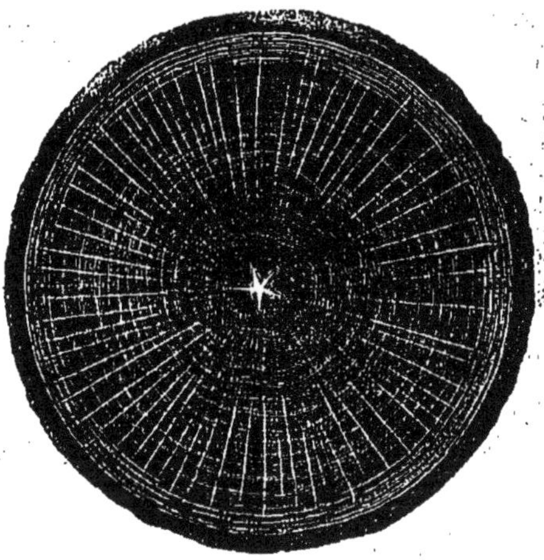

Fig. 40. — Coupe du chêne.

sées, qui se partagent en deux systèmes : l'*écorce*, à l'extérieur, et le *bois*, à l'intérieur ; les nouvelles couches qui se forment annuellement se développent toujours sur les surfaces de chaque système qui sont en contact l'une avec l'autre.

Le centre du bois est un cylindre allongé, qui est la *moelle* ; le *bois proprement dit*, ou le *cœur*, est disposé par couches autour de la moelle ; puis vient l'*aubier*, plus blanc et moins dur que le cœur, qu'il enveloppe à son tour. Dans l'écorce, on distingue l'*épiderme*, mince couche externe ; l'*écorce proprement dite*, qui touche immédiatement à cet épiderme, et le *liber*, qui est la division la plus intérieure de l'écorce.

L'autre sorte de tige ligneuse est le *stipe*, propre aux monocotylédones ; elle est droite et élancée, aussi grosse à sa partie supérieure qu'à sa base, quelquefois renflée au milieu, et toujours couronnée à son sommet par un bouquet de feuilles. Les fibres de cette tige ne forment point de couches distinctes, mais des faisceaux irrégulièrement épars dans une masse de

Fig. 41. — Coupe du palmier.

tissu cellulaire. Le stipe se ramifie très-rarement ; il n'a point d'écorce proprement dite, mais seulement un épiderme formé par le desséchement et l'endurcissement de la lame extérieure du tissu cellulaire : les rangées de fibres les plus anciennes et les plus dures sont à la circonférence ; les plus nouvelles et les plus tendres, au centre.

On appelle *bourgeons* les germes ou rudiments visibles, mais non développés, des branches et des feuilles ; les rudiments des fleurs portent le nom spécial de *boutons*.

Les *feuilles* sont des appendices membraneux et ordinairement verts, qui servent à absorber les vapeurs propres à la nutrition du végétal, et à exhaler celles qui lui sont devenues inutiles. Elles se forment par l'épanouissement de faisceaux de fibres entremêlées de tissu cellulaire. La feuille est ordinairement munie d'un support qui tient à la tige ou à la bran-

Fig. 42. — Bourgeons.

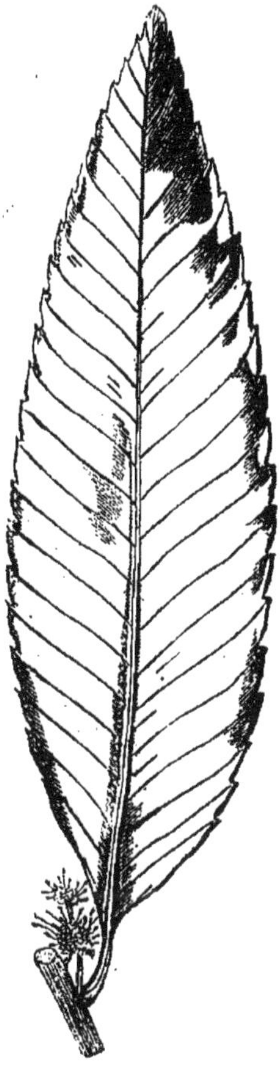

Fig. 43. — Feuille dentée.

che, et qu'on appelle le *pétiole*. Les fibres qui la parcourent constituent les *nervures*. Celles-ci sont *simples* dans les monocotylédones, c'est-à-dire qu'elles partent toutes de la base de la feuille et se dirigent vers son sommet, sans se ramifier.

Dans les dicotylédones, les nervures sont *rameuses* et *anguleuses :* elles forment un réseau inextricable de petites ramifications.

La feuille est *entière*, si elle n'offre aucune découpure sur ses bords ; *dentée*, si les dernières ramifications des nervures ne sont séparées que par de très-petits intervalles vides ; *divisée*, quand les découpures sont un peu plus marquées ; *lobée*, orsque les vides atteignent la base ou la nervure moyenne de

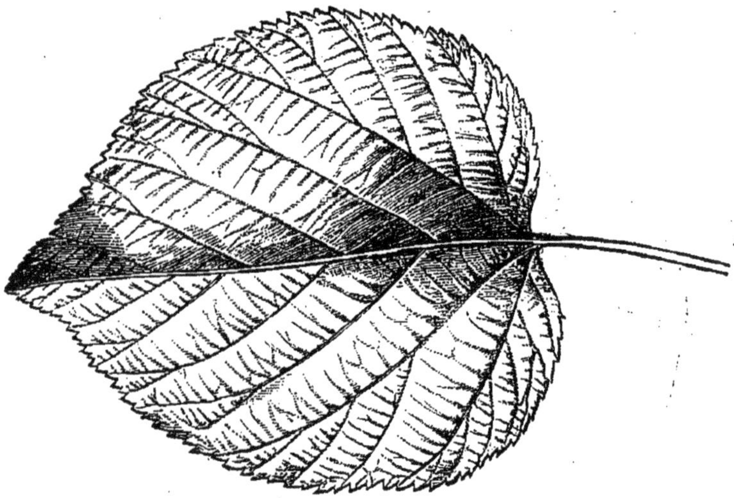

Fig. 44. — Feuille simple.

la feuille. Une feuille peut même être formée de plusieurs *folioles* distinctes, et alors elle est dite *composée*. Les feuilles composées dont les folioles naissent, en divergeant, du sommet du pétiole commun, sont *palmées* ou *digitées ;* on nomme *pennées* ou *ailées* celles dont les folioles naissent sur les parties latérales du pétiole commun.

La durée des feuilles est loin d'être la même dans les différents végétaux. Dans les plantes vivaces, les feuilles meurent toujours avant le rameau qui les porte : mais les unes sont *persistantes*, c'est-à-dire restent sur la tige jusqu'à ce qu'elles soient détruites par parcelles ; les autres sont *caduques*, ou tombent d'elles-mêmes après leur mort; parmi les feuilles caduques, on distingue celles qui meurent tous les ans avant

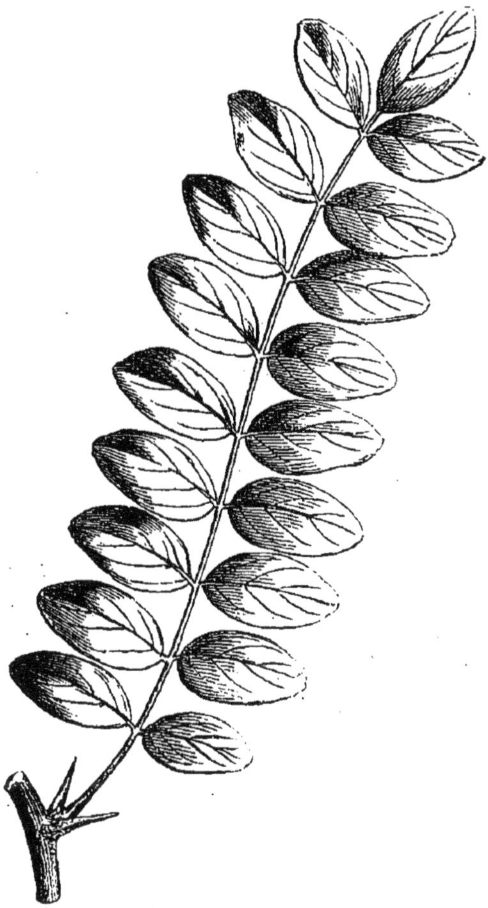

Fig. 45. — Feuille composée.

que les nouvelles feuilles qui doivent les remplacer soient sorties de leurs bourgeons, et celles qui meurent seulement après que les nouvelles feuilles sont poussées, comme on le voit dans les arbres *toujours verts*.

Les feuilles sont dites *imbriquées*, lorsqu'elles sont disposées les unes sur les autres comme des tuiles.

La *fleur* est composée des organes de la fructification, et de ceux qui les entourent ou les protégent. Elle est ordinairement située à l'extrémité d'un rameau particulier, appelé *pédoncule*. L'extrémité de ce pédoncule est généralement évasée, et offre une expansion nommée *réceptacle floral*, d'où naissent les parties intérieures de la fleur.

La fleur pourvue de toutes les parties qui peuvent entrer dans sa composition, comprend : 1° le *calice*, dont les parties, nommées *sépales*, sont généralement vertes, et ont l'aspect et la structure des feuilles. Toutes les pièces du calice sont souvent unies entre elles, en sorte que le calice semble être formé d'une seule pièce, et dans ce cas il est appelé

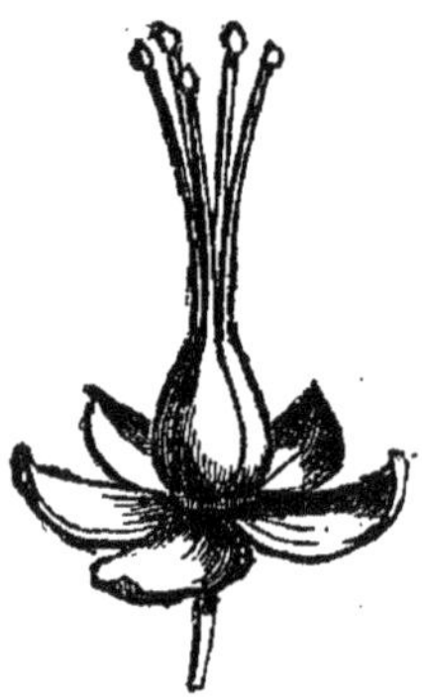

Fig. 46. — Calice polysépale.

Fig. 47. — Corolle monopétale.

monosépale : il peut être alors *divisé, denté* ou *entier*. Il est *polysépale*, si les sépales restent libres.

2° La *corolle*, dont les divisions sont appelées *pétales*. Toutes les pièces de la corolle peuvent être aussi unies entre elles ; dans ce cas la corolle est dite *monopétale*, et elle est tantôt *entière*, tantôt *lobée*, ou *divisée*. Si les pétales restent libres, on la dit *polypétale*. Dans certaines fleurs, le calice et la corolle, de même forme et de même couleur, semblent faire une enveloppe unique, à laquelle on donne le nom de *périgone* ou *périanthe*.

3° Les *étamines*, ou organes mâles de la plante. Elles se

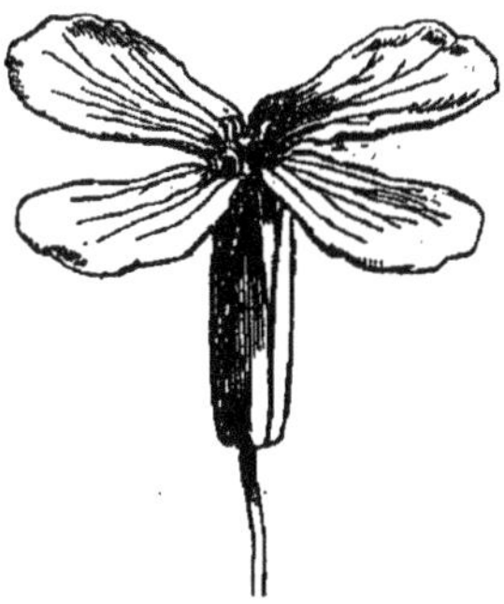

Fig. 48. — Corolle polypétale.

Fig. 49. — Étamine.

terminent par un petit sac membraneux, l'*anthère*, qui renferme la poussière appelée *pollen*.

4° Le *pistil*, ou organe femelle de la fleur, au centre de laquelle il se trouve. Il se compose de trois parties : une partie inférieure renflée et ordinairement arrondie, qu'on nomme *ovaire*, et qui renferme, dans une ou plusieurs loges, les *ovules*, rudiment des jeunes graines ; — une partie supérieure, le *stigmate*, corps glanduleux et visqueux ; — un corps intermédiaire de forme filamenteuse, qu'on appelle *style*.

Il faut remarquer que les plantes n'ont pas toutes des fleurs, et que toutes les fleurs ne sont pas composées des quatre parties qu'on vient de voir : il en est qui n'ont pas de corolle, d'autres ont des étamines sans pistil, ou un pistil sans étamines.

Les diverses parties d'une fleur se fanent ou se détruisent assez promptement, à l'exception du pistil ; et celui-ci perd même le plus souvent son style et son stigmate : il ne reste plus que l'ovaire, qui s'accroît et se développe pour former le *fruit*, lequel, par une admirable prévoyance de la nature, contient les graines qui pourront à leur tour reproduire de nouvelles plantes. Ces graines sont entourées d'une enveloppe qu'on nomme *péricarpe*.

Parmi les fruits, les uns sont *déhiscents*, c'est-à-dire s'ou-

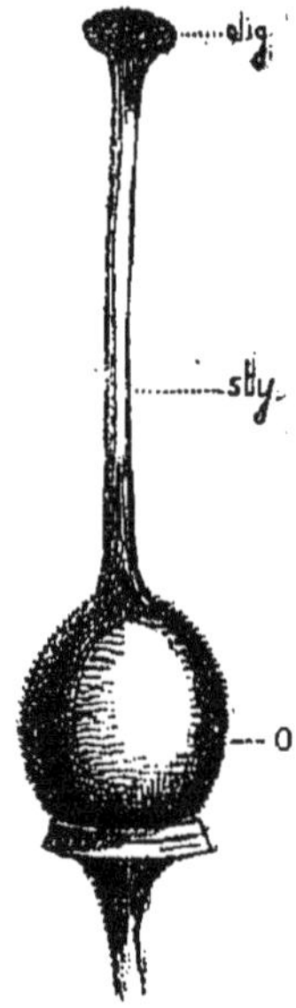

Fig. 50. — Pistil.

Fig. 51. — Capsule.

Fig. 52. — Silique.

vrent d'eux-mêmes, à l'époque de la maturité, pour semer les graines qu'ils contiennent; les autres sont *indéhiscents*, ou ne s'ouvrent point naturellement. Dans un fruit déhiscent, on nomme *valves* les parties du péricarpe qui se séparent sans déchirement, et *loges* les petites cavités où sont renfermées les graines. Un fruit à une seule valve, à une seule loge, porte le nom de *coque* ou de *follicule*. La *gousse* ou le *légume* est un fruit sec, bivalve, allongé. Le fruit nommé *capsule* ressemble à une petite boîte, et renferme les graines dans une ou plusieurs loges. La *silique* est un fruit formé de deux valves appliquées l'une contre l'autre, et séparées par une cloison longitudinale.

Parmi les fruits indéhiscents, on en distingue de secs, comme la *cariopse* (exemple, le blé), dont le péricarpe est tellement adhérent qu'il se confond avec l'enveloppe propre de la graine. Les autres sont charnus, et s'appellent *drupes*, s'ils renferment à l'intérieur un noyau ; — *noix*, si la chair en est coriace et fibreuse ; — *pommes*, s'ils sont couronnés par les lobes du calice ; — *baies* (comme dans la groseille), lorsque les graines sont placées au milieu d'une pulpe molle et succulente ; — *pépons* (comme dans le melon), si les loges sont placées près de la circonférence, beaucoup plus dure que le centre, qui est presque vide.

Le grand nombre des graines de certaines plantes étonne l'imagination : on en a compté 2000 sur un seul pied de maïs, 4000 sur un pied de soleil, 18000 sur un pied d'orge, et jusqu'à 360000 sur un seul pied de tabac.

Outre la faculté de se reproduire par graines, beaucoup de végétaux, surtout les arbres, possèdent encore d'autres moyens de multiplication : la base des tiges fournit des *rejetons*, des *drageons*, jeunes pousses qui constituent autant de nouvelles tiges. De leurs branches, on fait des *marcottes*, des *boutures*, qui, enfoncées dans le sol, prennent racine et deviennent des plantes indépendantes. Par la *greffe*, on transporte, sur un individu, un bourgeon ou une branche qui a pris naissance sur un autre.

Maintenant que nous connaissons la composition des végétaux, parcourons ce grand jardin de la nature ; allons de bosquet en bosquet, de fleur en fleur, d'un fruit à un autre ; mais, dans cette promenade délicieuse, conservons quelque ordre et quelque méthode : car, sans cela, la mémoire ne peut rien retenir. Notre exploration serait plus poétique, et peut-être plus agréable, si nous marchions au hasard, suivant le sublime désordre de la nature ; mais elle ne laisserait dans l'esprit que des traces vagues et incertaines, et les jeunes gens studieux, pour qui nous écrivons, nous pardonneront facilement d'avoir cherché avant tout à leur donner une instruction solide. Classons donc les objets de notre description.

Les botanistes classent les végétaux d'une manière savante, d'après le nombre ou la position des étamines, des pétales de la corolle, et des premières feuilles qu'on voit naître dans la

Fig. 53. — Greffe en écusson.

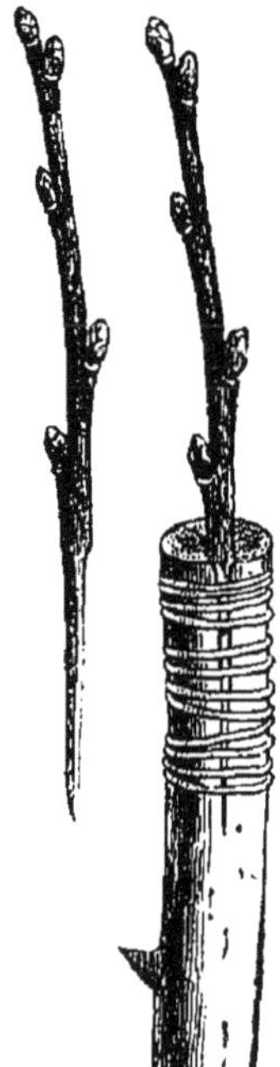

Fig. 54.—Greffe en fente.

plante. Nous n'effrayerons pas ici la jeune intelligence de nos lecteurs par une classification aussi compliquée et où abondent des noms d'une composition toute scientifique et un peu barbare : il faudra cependant qu'ils retiennent les noms suivants, dont la connaissance est indispensable : 1° les *phanérogames*, c'est-à-dire toutes les plantes à fleurs visibles, qui embrassent les plantes *monocotylédones* (à un cotylédon) et les plantes *dicoty-*

lédones (à deux cotylédons); 2° les *cryptogames*, c'est-à-dire les plantes sans fleurs ou dans lesquelles les fleurs ne sont pas visibles ; on les appelle aussi *acotylédones* (sans cotylédon).

Dans chacune de ces grandes sections, nous étudierons les principales *familles*. Il existe, en effet, des groupes de plantes qui se ressemblent par tant de points communs, qu'elles paraissent être les membres d'une même famille.

Les familles se divisent en *genres*, les genres en *espèces*, les espèces en *variétés*.

PLANTES PHANÉROGAMES

Au premier rang des plantes à fleurs, se présente la nombreuse famille des **Graminées**. Elle n'est pas brillante, elle n'éblouit point par l'éclat de la corolle ; mais elle est éminemment utile, et offre à l'homme et aux principaux animaux domestiques leurs plus ordinaires aliments. La nature l'a répandue avec une abondance qui est une des admirables preuves de la bonté prévoyante de Dieu : on calcule que les graminées composent la moitié de toutes les plantes phanérogames. C'est aux graminées qu'appartiennent ce *blé* ou *froment*, ce *seigle*, cette *avoine*, cette *orge*, qui enrichissent les champs de nos régions tempérées ; — ce *maïs*, qui nous donne ses longs épis dorés, et qu'on appelle sans doute improprement *blé de Turquie*, puisqu'il est probablement originaire d'Amérique ; — enfin ce *riz*, qui se plaît dans les pays marécageux, et qui nourrit plus d'hommes encore que le froment et le seigle ensemble[1].

Ce sont encore des graminées, la plupart des herbes des prés et des gazons où nos bestiaux trouvent une riche pâture, et qui

[1] On donne le nom général de *céréales* à toutes les graminées que nous venons de citer.

étalent gracieusement à nos regards leurs tapis d'une verdure si gaie.

Le *mil* et le *millet* donnent des graines employées pour la

Fig. 55.
Épi de froment.

Fig. 56.
Épi de seigle.

Fig. 57. — Épi d'avoine.

nourriture des oiseaux et, dans quelques pays, pour celle des hommes.

La *canne à sucre* est une espèce de graminée d'un port noble et grand, et qui ne réussit que dans les pays chauds ; elle présente une tige haute de 3 à 4 mètres, et remarquable par ses larges feuilles, par ses fleurs élégamment étalées au sommet de la plante. Originaire de l'Asie, elle fut introduite, au moyen âge, dans les îles de la Méditerranée, dans l'Espagne et dans l'Italie; des plants furent ensuite portés aux îles Madère et Canaries; et ce fut de celles-ci que le précieux végétal passa, en 1506, à Saint-Domingue; il y prospéra admirablement, et se répandit bientôt dans une grande partie de la région équinoxiale de l'Amérique. C'est dans la tige qu'existe la matière sucrée qu'on extrait.

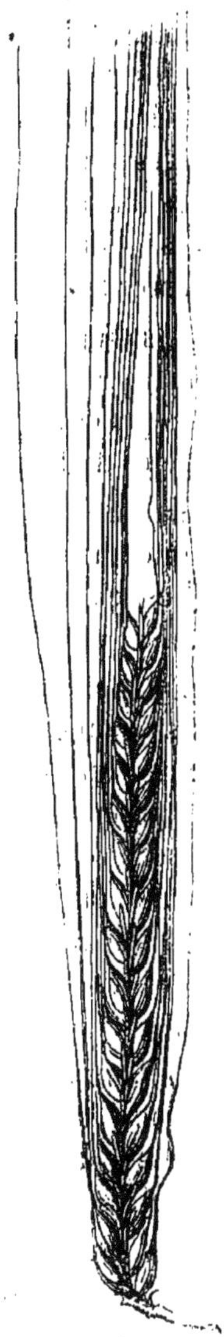

Fig. 58. — Épi d'orge.

A la même famille appartient le *sorgho*, dont une espèce, originaire de la Chine, donne aussi du sucre et réussit dans le midi de la France; mais la plupart de nos sorghos sont plutôt employés comme fourrages et pour faire des balais. — Le *dourah*, qui ressemble beaucoup à la plante précédente, est un des végétaux alimentaires les plus utiles aux peuples d'Afrique.

Les *roseaux*, qui croissent dans les lieux marécageux, sont aussi des graminées. On en fait souvent des nattes, des paillassons, des fonds de chaises, et l'on en couvre les toits dans quelques pays.

Le *sparte*, ou *jonc d'Espagne*, est bien connu par les jolies nattes qu'il sert à faire.

La plante la plus grande de cette riche famille est le *bambou*, qui s'élève majestueusement à une hauteur de 15 à 20 mètres, et qui forme d'épais taillis dans les régions équatoriales de l'Asie et de l'Océanie ; il est employé à toutes sortes d'usages : on fait de son bois divers meubles et des ustensiles de ménage ; on en construit des bateaux, des maisons entières ; les jeunes pousses offrent une substance spongieuse, succulente et sucrée, et on les mange dans l'Inde, comme chez nous les asperges. Le commerce apporte un grand nombre de petits bambous dans nos contrées, où ils sont transformés en cannes, en tiges d'ombrelles, etc. Enfin le papier de Chine se fait avec l'écorce de ce précieux végétal.

Les **Cypéracées** ressemblent beaucoup aux graminées. On y remarque la plante nommée *papyrus*, avec laquelle les anciens fabriquaient leur papier. Elle croît en abondance dans les marécages de l'Égypte et de l'Abyssinie.

La famille des **Pandanées** habite la zone torride, et a pour plante principale le *pandanus* ou *baquois*, dont on admire les belles feuilles imbriquées, disposées en spirale autour de la tige.

La famille des **Pipéritées**, particulière aux régions les plus chaudes, n'a de remarquable que le *poivrier* ou *piper*, arbrisseau grimpant comme la vigne, et qui porte des grappes composées chacune d'une vingtaine de grains : ces grains durcis sont ce qu'on appelle le poivre, épice âcre et brûlante, qui donne lieu à un commerce très-considérable, bien que l'usage n'en soit pas fort nécessaire. Le bétel est une sorte de poivrier dont les Hindous et les Malais se plaisent à mâcher les feuilles.

La famille des **Aroïdées**, très-répandue, se fait remarquer, surtout dans les pays chauds, par la beauté de ses grandes feuilles, diversement colorées. L'*arum* et le *caladium* sont parmi les plantes les plus intéressantes de cette famille.

Les **Palmiers**, qui habitent aussi les contrées chaudes, forment à eux seuls une famille, et peut-être la plus noble, la plus majestueuse de toutes. Leur tige, droite et élancée comme une colonne, s'élève, dans quelques pays, jusqu'à 60 et 65 mètres, et elle se couronne d'un magnifique panache de feuilles toujours vertes. Ces feuilles ressemblent tantôt à des plumes

Fig. 59. — Maïs ou blé de Turquie.

immenses, tantôt à des éventails. Les fruits sont disposés en grappes énormes appelées *régimes*, et contiennent presque toujours un aliment délicieux. Le *palmier éventail* ou *chamærops* est le plus commun des arbres de cette famille, dans le nord de l'Afrique et dans le sud de l'Europe (en Espagne, en Italie). Il est très-élégant. — Mais le roi des palmiers est sans doute le *cocotier*, qui orne les plages de toute la zone équinoxiale ; son fruit, nommé *coco*, est un peu allongé, triangulaire, et de la grosseur d'un petit melon: il a une écorce lisse, qui cache un brou filandreux: celui-ci recouvre un noyau ovale, fort dur, creusé de trois trous vers l'une de ses extrémités. On trouve attachée à ce noyau, dans l'intérieur, une chair très-blanche et d'un goût suave. Enfin le milieu même de la noix contient une liqueur rafraîchissante et laiteuse, fort agréable à boire quand le fruit est jeune et frais. Mais le cocotier n'est pas seulement utile pour l'aliment qu'il fournit: son bois est assez dur, assez solide, pour entrer dans les constructions ; ses feuilles servent à couvrir les maisons ; avec les fibres qui enveloppent la noix on prépare une filasse propre aux cordages ; on fait, avec la coque, des vases et de petits ustensiles ; la chair donne une huile assez bonne ; la séve, mise à fermenter, produit une excellente liqueur, le *vin de cocotier*, qu'on peut distiller ensuite pour en faire de l'eau-de-vie.

Le *dattier* ressemble assez au cocotier ; mais ses fruits sont beaucoup moins gros et se nomment *dattes :* ils sont charnus et sucrés, et nourrissent beaucoup de monde dans le nord de l'Afrique et en Arabie. On trouve des dattiers jusque dans le midi de l'Europe, même en Provence.

L'*arec* est une autre espèce de palmier. Le bourgeon des jeunes feuilles qui couronnent l'arbre est un mets excellent sous le nom de *chou-palmiste ;* il a le goût de l'artichaut ; mais, après qu'on l'a coupé, l'arbre dépérit à vue d'œil et meurt bientôt. — Le *rotang* ou *rotin* est encore un palmier; il fournit ces cannes si légères, si flexibles, et en même temps si solides, qu'on emploie sous le nom de *joncs, jets* ou *cannes de roseau ;* il donne aussi ces autres espèces de cannes dont on se sert comme de fouet pour battre les habits ; on en fait, dans l'Inde,

Fig. 60. — Canne à sucre.

des cordages et des nattes, et, chez nous, des siéges, des corbeilles, etc. — Il existe en Afrique une sorte de palmier, le

Fig. 61. — Lis.

chi, qui donne une matière semblable au beurre; un autre, nommé *élaïs*, a un fruit précieux qui fournit l'huile de palme.

Les *palmiers céroxyles*, dans l'Amérique méridionale, laissent exsuder de leur tige une cire abondante propre à l'éclairage; ils paraissent être les plus hauts de tous. — Mais le plus beau par ses feuilles est le *corypha*, qui ombrage surtout les côtes de Malabar et de Ceylan. Les Indiens se servent de ces feuilles pour faire des tentes et des parapluies : une seule peut couvrir quinze ou vingt hommes.

La famille des **Liliacées** renferme un grand nombre de plantes remarquables par l'élégance de leur port, la beauté ou le parfum de leurs fleurs. On y trouve le *lis*, à la fois si majestueux et si odorant; — la *tulipe*, qui étonne par l'inépuisable variété de ses couleurs, et dont on fait en Hollande un commerce considérable ; — la *jacinthe* et la *tubéreuse*, délicieusement parfumées ; — le *phormium*, qui croît à la Nouvelle-

Fig. 62. — Poireau.

Fig. 63. — Ail.

Zélande, et dont les longues feuilles fournissent une filasse très-fine, propre à la fabrication des étoffes ; — l'*yucca*, belle plante des pays chauds, qui a par son port quelque ressemblance avec les palmiers ;—les *aloès*, qui viennent sur les rochers des pays chauds, et au milieu des sables arides et brûlants : leurs feuilles, épaisses et charnues, sont tantôt couvertes de verrues, tantôt parsemées de taches ou d'épines, et leur apparence bizarre a fait donner à plusieurs d'entre eux des noms singuliers, tels que ceux d'aloès corne de bélier, aloès perroquet, aloès araignée.

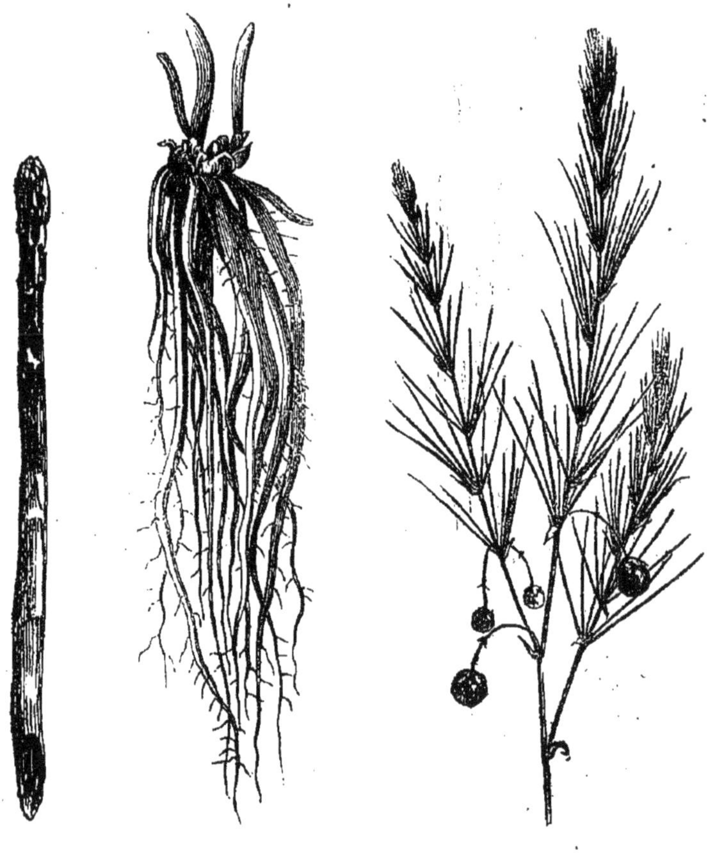

Fig. 64. — Asperge.

C'est dans cette famille que se trouve l'*ail*, moins agréable que la plupart des autres liliacées, mais plus utile. Il faut remarquer que l'*oignon*, le *poireau*, l'*échalotte*, ne sont que des espèces d'ail.

La famille des **Asparaginées** tire son nom de l'asperge, intéressante par l'aliment que fournissent ses jeunes pousses de chaque année. Elle comprend aussi le muguet, d'une apparence si modeste, mais d'une odeur si suave; — l'*igname*, plante sarmenteuse et grimpante, qui croît en abondance dans les pays équinoxiaux, où sa racine, assez semblable, pour le goût, à la pomme de terre, est un aliment très-répandu; l'igname-patate de Chine commence à être cultivée dans notre Europe.

Fig. 65. — Igname.

On est surpris de voir dans la même famille que ces humbles plantes le *dragonnier* ou *dracœna*, arbre souvent énorme de l'Afrique et de l'Asie. Des fentes que la chaleur fait ouvrir dans son tronc découle une résine rouge, employée en médecine sous le nom de *sang dragon*.

La famille des **Narcissées** a beaucoup de rapport avec les liliacées; elle se distingue, comme celles-ci, par l'élégance du port, par la beauté et le parfum des fleurs. Le *narcisse de poëte* ou la *jeannette*, la *jonquille*, l'*amaryllis*, sont des narcissées fort communes dans nos jardins. — L'*agavé*, originaire des régions chaudes de l'Amérique, est la plante la plus utile de cette famille. Ses fibres, très-abondantes, servent à fabriquer des tissus et des cordages; ses épines font, au Mexique, des aiguilles et des clous; ses feuilles, épaisses, solides, et creusées en gouttières, peuvent couvrir les maisons, et du point où elles ont été arrachées découle longtemps une liqueur douce et sucrée.

Fig. 66. — Ananas.

La famille des **Broméliacées** comprend l'*ananas* ou *bromeila*. Le fruit délicieux de l'ananas est allongé comme une pomme de pin, et couronné par un élégant bouquet de feuilles; sa couleur est celle du citron et de l'orange, et il a tout à la fois le goût du melon et de l'abricot. On le cultive dans nos serres d'Europe, mais il est indigène des parties les plus chaudes de l'Amérique.

La famille des **Iridées** tire son nom de l'*iris*, remarquable par ses fleurs charmantes, sur lesquelles se marient les plus riches couleurs. Le *safran*, dont le pistil fournit à la teinture la matière d'un jaune rougeâtre, est encore une iridée. Les *glaïeuls* offrent de beaux épis de fleurs inclinées, disposées du même côté que la tige.

La famille des **Bananiers** est une des plus admirables richesses des régions équinoxiales. Le *bananier* ou *musa* a des feuilles d'une prodigieuse étendue, et porte d'énormes régimes de fruits appelés bananes; souvent une seule de ces grappes est

Fig. 67. — Iris.

composée de plus de cent bananes, et elle peut faire la charge d'un homme. C'est une nourriture excellente, et bien précieuse pour les habitants d'une foule de contrées ; mais ce n'est pas là le seul avantage du bananier : ses feuilles servent à faire des vases ; les Indiens en couvrent leurs cabanes, et ils tirent une sorte de fil de la tige desséchée. Malheureusement cet utile végétal ne vit pas longtemps : quoique d'une taille élevée, il n'a que la consistance d'une herbe, et il meurt au bout de neuf ou dix mois, dès qu'il a donné des fruits.

La famille des **Balisiers** ressemble beaucoup aux bananiers, et croît à peu près dans les mêmes contrées. On y remarque la *canne d'Inde*, ou *canna*, dont une espèce a été introduite récemment dans nos parterres, qu'elle orne très-élégamment de ses larges feuilles et de ses fleurs roses ; — le *gingembre*, dont la racine, réduite en poudre, sert dans la médecine, et s'emploie dans l'Inde comme aliment et comme assaisonnement ; — le *cardamome*, dont la graine est un aromate très-recherché dans le midi de l'Asie ; — le *maranta*, qui a de magnifiques feuilles, ornement de nos parterres depuis quelques années, et dont le rhizome (tige souterraine) fournit la belle fécule d'arrow-root, fort estimée comme aliment.

La famille des **Orchidées**, assez communes dans nos bois et dans nos cantons humides, renferme, en Amérique, la *vanille*, qui grimpe et s'entrelace autour du tronc des grands arbres ; tout le monde connaît l'aromate précieux que contient son fruit.

Les plantes de la famille des **Aristoloches** s'entrelacent aussi généralement autour des autres végétaux, et, dans nos jardins, on en fait de jolis berceaux. Elles se distinguent par leurs larges et belles feuilles, et par leurs grandes fleurs en entonnoir ; dans certaines régions, ces fleurs atteignent un mètre de circonférence.

La famille des **Thymélées** se plaît dans les lieux arides et chauds : on y remarque le *daphné*, dont une espèce nommée *garou* fournit une matière âcre et amère, propre à déterminer sur la peau une inflammation et des ampoules ; aussi s'en sert-on pour les vésicatoires. — Une autre plante fort curieuse de la même famille est connue sous le nom de *laget* ou *bois-den-*

telle, et croît aux Antilles : son écorce intérieure, formée de fils entrelacés, offre une ressemblance frappante avec la gaze et

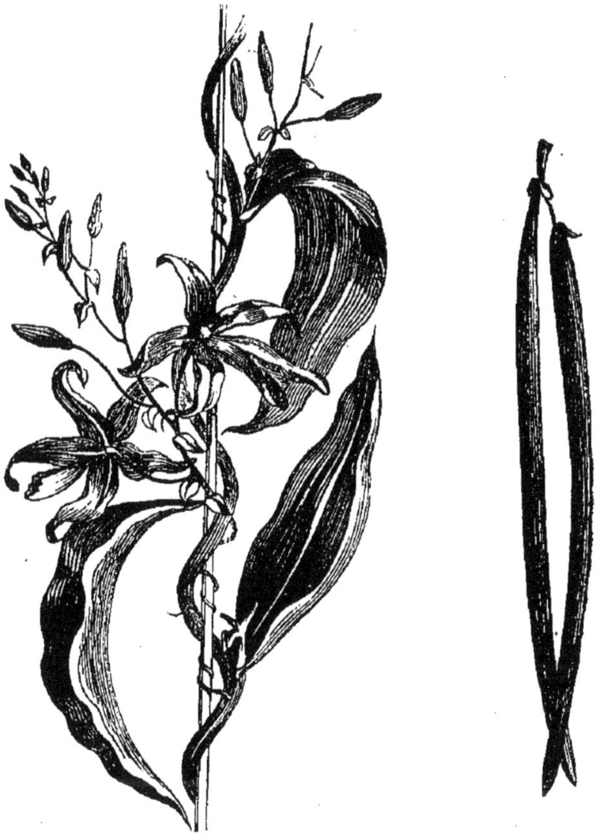

Fig. 68. — Vanille.

la dentelle, et l'on en fait des garnitures, des manchettes, des vêtements entiers.

La famille des **Protéacées**, particulière à l'Afrique et à l'Australie, a pour principaux genres le *protée*, dont les belles feuilles, d'un éclat presque métallique, reflètent les rayons du soleil d'une manière éblouissante.

La famille des **Laurinées**, une des plus belles et des plus élégantes, se reconnaît facilement à ses feuilles lisses et luisantes. Le genre principal est le *laurier*, dont l'espèce la plus commune en Europe, mais seulement dans le Midi, est le *laurier noble* ou d'*Apollon*, qui a été adopté chez la plupart

Fig. 69. — Oseille.

des peuples comme le symbole de la gloire et du génie. — Les autres laurinées remarquables sont le *cannellier*, originaire du sud de l'Asie, et dont l'écorce est la cannelle ; le *camphrier*, qui croît surtout dans l'ouest de l'Océanie et du Japon, et dont on extrait cette résine blanche et fort odorante appelée *camphre*.

A une famille très-voisine, celle des **Myristicées**, appartient le *muscadier*, qu'on trouve surtout aux Moluques, et qui porte le grain aromatique nommé *muscade*.

La famille des **Polygonées** est une de celles qui cachent,

Fig. 70. — Digitale.

Fig. 71. — Betterave.

sous une apparence peu brillante, de précieuses qualités : on y trouve le *blé noir* ou *sarrasin*, qui, venu d'Asie, est aujourd'hui cultivé dans nos cantons les plus pauvres ; ses fleurs couvrent d'un gai tapis blanc, à la fin de l'été, les campagnes déjà dépouillées de leurs blés et de leurs seigles ; son grain, noir à l'extérieur, contient une farine fort blanche, dont on fait des galettes et d'autres mets. L'utile *oseille* est encore une polygonée, de même que la *rhubarbe*, qui est originaire du plateau central de l'Asie, et qui offre dans ses racines un purgatif renommé.

La famille des **Chénopodées** renferme la *bette-poirée*, remarquable par ses grandes feuilles luisantes et douces ; la *betterave*, dont les racines donnent un sucre abondant, et deviennent ainsi l'objet d'une immense industrie. — L'*épinard* y est aussi compris ; et l'on y trouve encore la plante nommée *soude*, dont les cendres fournissent une matière du même nom, fort employée dans les arts.

La famille des **Amarantes** est souvent l'ornement des jardins : tantôt les fleurs sont réunies en longues grappes d'un rouge cramoisi, et alors la plante s'appelle *amarante queue-de-renard*; tantôt elles forment des amas qu'on prendrait pour des crêtes de coq ou pour des morceaux de velours épais : c'est ce qu'on remarque dans l'*amarante crête-de-coq*.

La famille des **Primulacées** nous plaît parce que c'est une des premières qui se montrent dans nos champs et nos parterres à la fin de l'hiver. On y distingue la *primevère* ou *primula* et le *mouron rouge*.

La famille des **Scrofulariées**, dont une tribu importante prend le nom de **Personnées** à cause de la forme de ses fleurs, qui représentent assez bien un masque[1], renferme la *digitale*, remarquable par le magnifique épi de ses nombreuses fleurs purpurines et pendantes, toutes tournées d'un même côté. — On y remarque aussi la *gueule-de-loup*, la *véronique* et le bel arbre appelé *paulownia*, originaire du Japon.

La famille des **Acanthes**, qu'on trouve dans le midi de l'Europe, se reconnaît à ses belles et larges feuilles : l'élégance de ces feuilles en a fait adopter la forme dans l'architecture pour décorer les chapiteaux de l'ordre corinthien.

Les **Verbénacées** contiennent la *verveine*, d'une odeur

[1] En latin, *masque* se dit *persona*.

agréable, et le *tek*, précieux arbre de construction, commun dans l'Inde.

La famille des **Jasminées** est à la fois une des plus belles et des plus utiles. Qui ne connaît le *jasmin* et le *lilas*, parure

Fig. 72. — Jasmin.

élégante et parfumée des jardins? — Mais l'arbre le plus précieux de cette famille est l'*olivier*, dont le fruit, nommé olive, est un aliment agréable et surtout donne une huile excellente : il se trouve dans toutes les contrées qui environnent la Méditerranée. — Le *frêne* est un bel arbre qui appartient aussi aux jasminées ; son bois est agréablement veiné, et s'emploie dans la menuiserie et la charpente ; le suc purgatif nommé *manne*, qui n'est pas la même chose que la manne des Hébreux, découle d'une sorte de frêne commun en Italie.

Les **Labiées** sont une famille qu'on rencontre à chaque pas, et qui se reconnait à ses jolies petites fleurs partagées en deux lèvres, et aux odeurs fortes mais agréables qu'elle répand. On y distingue la *sauge*, si utile en médecine ; — le *romarin*, dont l'huile entre dans la composition de l'eau de Cologne ; — la *lavande*, avec laquelle on fait l'eau de lavande et l'huile d'aspic ; — la *menthe*, souvent employée en médecine ; — le *thym* et le *serpolet*, dont les abeilles viennent avidement prendre le suc pour composer leur miel.

Abordons maintenant la grande et importante famille des **Solanées.** C'est dans cette famille que se trouve l'utile *pomme de terre*, qui n'est qu'une espèce du genre *solanum* ou *morelle :* elle est originaire de l'Amérique, d'où elle fut apportée en Europe vers la fin du seizième siècle. L'Italie, l'Angleterre, l'Irlande et la Hollande la possédèrent avant la France, où d'abord elle fut l'objet de préjugés bizarres : on prétendait qu'elle engendrait la lèpre et diverses autres maladies ; elle était abandonnée aux seuls animaux. Parmentier démontra qu'elle pouvait être aussi pour l'homme un aliment excellent ; afin de frapper les esprits par une expérience en grand, ce philantrophe éclairé fit ensemencer de pommes de terre un vaste terrain de la plaine des Sablons, jusque-là condamné à une stérilité absolue ; sa confiance fut traitée de folie, mais les plantes vinrent parfaitement. Quand les fleurs parurent, Parmentier en composa un bouquet et alla solennellement en faire hommage à Louis XVI, qui avait favorisé son entreprise. Le roi accepta les fleurs nouvelles avec empressement, et en para sa boutonnière. Dès lors la pomme de terre conquit les suffrages de tout le monde. On a proposé de remplacer son nom, assez impropre, par celui de *parmentière ;* on l'appelle aussi *morelle tubéreuse*, et quelquefois *patate*.

Il existe une solanée singulière qui porte des fruits d'un blanc luisant, absolument semblables à des œufs de poule : on la nomme *mélongène pondeuse.* — La *tomate* ou *pomme d'a-*

mour, dont on mange les fruits rouges, appartient à la même famille. — On y trouve aussi la *belladone*, qui a des fruits vénéneux, mais assez semblables à la cerise. Les personnes qui, séduites par cette apparence, mangent de ces fruits dangereux,

Fig. 75. — Belladone.

éprouvent, dit-on, une ivresse complète, à laquelle succèdent des convulsions et la mort la plus déchirante; cependant les dames italiennes se servent impunément du suc des feuilles pour se blanchir la peau, et elles emploient une espèce de fard obtenu par l'expression du fruit; c'est de cet emploi dans la toilette que paraît dériver le nom de belladone, qui signifie en italien *belle dame*.

On remarque, dans cette famille, le *datura*, aux grandes et belles fleurs blanches ; — le *bouillon-blanc* ou *molène*, qu'on emploie en médecine ; — la *mandragore*, qui est un poison dangereux ; — le *calebassier*, qui croît dans les contrées équinoxiales de l'Amérique et dont l'énorme fruit sert à faire des vases appelés *calebasses ;* — le *piment*, commun dans les pays chauds et qui s'emploie comme assaisonnement.

Mais une solanée bien plus célèbre, c'est le *tabac*, appelé encore *nicotiane*, parce que Nicot, ambassadeur de France à la cour de Portugal, fut le premier qui fit connaître dans notre pays cette plante originaire de l'Amérique ; il en adressa une petite provision à Catherine de Médicis, en 1559, et le tabac porta quelque temps en France le nom de *poudre de la reine*. L'usage en devint une fureur ; cependant ceux qui commencèrent à se l'insinuer dans les narines furent longtemps l'objet de maints quolibets ; on les persécuta même : Jacques Ier, roi d'Angleterre, écrivit un livre contre cet usage ; le pape Urbain VII lança une excommunication contre les priseurs ; le Grand-Seigneur et d'autres souverains de l'Orient proscrivirent le tabac, sous peine d'avoir le nez coupé et même d'être mis à mort. Il résista à ces persécutions, et aujourd'hui il est cultivé presque partout, mais sous l'autorisation des gouvernements, pour lesquels il est la matière d'un impôt considérable.

Non-seulement on respire le tabac en poudre, mais on le mâche, on en aspire la fumée. Néanmoins la raison ne justifie pas l'usage prodigieux qu'on en fait ; il est doué de propriétés extrêmement malfaisantes, et l'on a des exemples de morts causées par une trop grande quantité de fumée de tabac aspirée par le nez ; on cite de nombreux cas de vertige, de cécité, de paralysie, dus à l'usage immodéré de cette substance ; le poëte Santeuil périt dans d'horribles douleurs, après avoir bu un verre de vin dans lequel on avait jeté du tabac d'Espagne ; enfin voyez dans les manufactures de tabac quelle est la maigreur des ouvriers, combien leur teint est hâve et maladif. La

Fig. 74. — Tabac.

médecine seule devrait employer ce végétal, parce qu'elle sait régler d'une manière utile l'emploi des poisons même les plus terribles. « Qui aurait pu soupçonner, dit le botaniste Poiret, que la découverte, dans le nouveau monde, d'une plante vireuse, nauséabonde, d'une saveur âcre et brûlante, d'une odeur repoussante, ne s'annonçant que par des propriétés délétères, aurait eu une si grande influence sur l'état social de toutes les nations ; qu'elle serait devenue l'objet d'un commerce très-étendu ; que sa culture se serait répandue avec plus de rapidité que celle des plantes les plus utiles, et qu'elle aurait fourni aux plus grandes puissances de l'Europe la base d'un impôt très-productif? Quels sont donc les grands avantages que le tabac a pu offrir à l'homme, pour qu'il soit devenu d'un usage aussi général que nous le voyons aujourd'hui ? Rien autre que celui d'irriter les membranes de l'odorat et du goût, dans lesquelles il détermine une augmentation de vitalité agréable à ceux dont les sensations sont rendues inertes par la vie inactive, par l'oisiveté. »

Je me suis étendu au sujet du tabac, non assurément par amour pour cette plante, mais afin d'éloigner mes lecteurs d'un usage détestable, qui se transforme si facilement en un besoin impérieux, en une habitude indestructible, et souvent fort désagréable pour ceux avec qui on est appelé à vivre.

La famille des **Borraginées** renferme un assez grand nombre de plantes intéressantes, quoique d'une apparence modeste : la *bourrache*, fort employée en médecine ; le *myosotis* et l'*héliotrope*, qui ont de jolies fleurs.

La famille des **Liserons** contient des végétaux grimpants et qui s'entrelacent gracieusement autour des corps qu'ils rencontrent. Nos haies sont remplies de *liserons* ordinaires. Dans nos jardins, nous faisons des berceaux, nous garnissons des murs et des treillages avec le *volubilis*. Dans les pays chauds, cette famille possède la *patate douce* ou *batate*, dont les racines, assez semblables à de longues pommes de terre, sont un aliment précieux. Elle comprend aussi le *jalap*, plante mexicaine, dont la racine est un purgatif célèbre; enfin le *bois de rose*, remarquable par son odeur agréable et employé dans la parfumerie.

La famille des **Polémoniacées** est composée également de

Fig. 75. — Myosotis.

Fig. 76. — Héliotrope.

végétaux qui ont besoin de s'attacher aux corps voisins ; on y remarque la *polémoine* et le *cobœa*.

La famille des **Bignoniées** se recommande par le bel arbre nommé *catalpa*, originaire des pays chauds, mais acclimaté aujourd'hui dans nos jardins. Ses feuilles larges et légères, ses belles fleurs blanches, marquetées de points pourpres, offrent l'aspect le plus agréable.

Le beau bois d'ébénisterie appelé *palissandre* paraît appartenir à une bignoniée de l'Amérique méridionale.

La famille des **Apocynées** est fort répandue dans nos parterres, quoiqu'elle ait généralement pour patrie les pays méridionaux. L'*apocyn gobe-mouche* est curieux par sa singulière propriété : ses fleurs, disposées en agréables bouquets roses et blancs, renferment au fond de leur corolle un suc mielleux ; les mouches y insinuent leur trompe, qui s'y gonfle et s'y trouve retenue. — La *pervenche*, aux tiges rampantes, aux jolies fleurs bleues, est aussi une apocynée, de même que le *laurier-rose*, si agréable par ses fleurs et par ses feuilles luisantes et d'un beau vert, mais rempli d'un dangereux poison.

Une apocynée nommée *asclepiade de Syrie* se distingue par ses propriétés utiles : ses gousses renferment une aigrette douce et soyeuse, qui tient de la soie et du coton, et qu'on emploie pour ouater les vêtements, garnir les matelas, les coussins, les meubles, pour fabriquer des couvertures, etc.; de ses tiges on extrait une filasse qui se convertit en toiles très-fines ; enfin ses graines donnent une huile excellente.

Le *strychnos* est une apocynée redoutable par ses sucs vénéneux ; deux espèces donnent la *noix vomique* et la *fève de Saint-Ignace*, fort employées en médecine; le *strychnos-tchettik*, arbre de Java et de quelques îles voisines, sert aux naturels à empoisonner leurs flèches.

La famille des **Sapotées** habite dans l'Amérique : on y remarque le *sapotillier*, arbre assez semblable à un grand poirier, et qui porte un fruit délicieux, la sapote ou sapotille, dont la chair est d'un rouge foncé ; on y trouve aussi *l'arbre de la vache*, qui croît dans les Andes, et qui donne un excellent suc laiteux, analogue au lait de vache.

La famille des **Ébénacées** ne se rencontre que dans les pays chauds. Un de ses arbres les plus intéressants est *l'ébénier*, dont le cœur est d'un beau noir et porte le nom de bois d'ébène ; on en fabrique des meubles charmants, et c'est à cause de cette plante qu'on a donné le nom d'*ébénisterie* à la partie de la menuiserie qui concerne les meubles.

Une autre ébénacée importante est le *styrax*, qui donne la

résine appelée *benjoin*, et qui est commune à Java et à Sumatra.

Une des familles qu'on estime le plus pour l'élégance du port, des feuilles et des fleurs, c'est celle des **Éricinées** ou **Bruyères**. « Tous ces jolis végétaux, a dit un botaniste [1], sont remarquables par leur verdure persistante, par leur végétation continuelle, par le nombre, la gentillesse, la singularité, la disposition et la couleur de leur fleur, qui est tantôt d'un vert herbacé, blanche, violette, lilas, tantôt jaune, aurore, rouge, ponceau, écarlate, et qui n'arrive à cette couleur qu'après avoir passé par toutes les teintes. Les fleurs sont sphériques, en grelot, en cloche, en massue, depuis la grosseur de la tête d'une épingle jusqu'à celle d'un fort pois-chiche, ou bien elles simulent un carquois, une fiole, une trompette, ou se prolongent en tubes cylindriques. »

Les bruyères ne sont pas des herbes, mais de petits arbrisseaux ; elles se plaisent dans les terres maigres et arides, et nos landes en sont couvertes.

Les *bruyères communes* servent à faire des balais et des brosses. Mais la même famille a des arbres à bons fruits qu'on nomme *arbousiers*, et d'autres plantes à baies comestibles, les *myrtils*, qui croissent sur les hautes montagnes et dans les pays froids.

La famille des **Rosages** a pour plante principale le *rhododendron*, arbrisseau toujours vert, d'un port elégant, et dont les fleurs jaunes ou rouges sont un des ornements les plus gracieux des jardins.

Là aussi se placent les jolies *azalées*.

La famille des **Campanulacées** tire son nom de la *campanule*, agréable plante qui doit elle-même le sien à la forme de clochette qu'affecte sa fleur [2]. La *raiponce*, qu'on mange en salade, n'est qu'une campanule. Il y en a une autre, surnommée *gantelée*, qui fut célèbre au moyen âge par l'usage barbare auquel elle présidait : un bouquet de campanule gan-

[1] Thiébaut de Berneaud.

[2] En latin et en italien, *campana* signifie *cloche*.

telée, porté au bout d'un bâton, servait de garantie à celui qui, muni de cet insigne et l'élevant en l'air, injuriait les personnes qu'il voulait attaquer, et les assommait alors légitimement. Des massacres affreux ont été ainsi commis dans beaucoup de parties de la France.

Fig. 77. — Artichaut.

La famille des **Composées** est très-considérable : elle tire son nom de la disposition de ses fleurs, tellement rapprochées que leur assemblage paraît n'en former qu'une seule. Ainsi, au premier abord, il semble que cette belle roue jaune de la plante appelée soleil n'est qu'une fleur : eh bien, elle en contient des milliers, qui ont chacune leur calice, leur corolle, leurs étamines, leur pistil.

Cette grande famille se divise en trois tribus : 1° les *semi-*

flosculeuses, dont les fleurs sont en languettes ou demi-fleurons (comme dans la chicorée) ; 2° les *flosculeuses*, dont les fleurs sont des fleurons complets et en forme de petits tubes (comme dans le bluet) ; 3° les *radiées*, qui ont des fleurons au milieu et des demi-fleurons ou rayons à la circonférence (comme dans la marguerite).

Que de plantes utiles renferment les composées ! C'est la *chicorée*, la *laitue*, dont nous mangeons les feuilles ; — c'est le *salsifis*, dont les racines nous offrent un excellent aliment ;— l'*artichaut*, qui nous donne un mets fort estimé dans une partie de sa fleur non encore développée ; — l'*absinthe*, d'un usage très-répandu dans l'économie domestique et la médecine.

Mais, à côté de tous ces intéressants végétaux, il faut placer l'importun et désagréable *chardon*.

Parmi les plus jolies composées, on remarque le *bluet*, qui se plaît au milieu des céréales et qui appartient au genre des *centaurées* ; — la *pâquerette* ou *petite marguerite*, si répandue dans les champs et dans les prés ; — la *reine marguerite*, originaire de la Chine, mais aujourd'hui cultivée dans tous nos jardins ; — les *immortelles*, qui ont mérité ce nom par la durée de leurs fleurs ; — les *dahlias*, parés de si brillantes couleurs et qui ont le Mexique pour patrie ; — les *soleils* ou *tournesols*, qui viennent du Pérou, et que, malgré leur beauté, on admire peu, parce qu'ils sont très-répandus.

Citons encore l'*arnica* et la *millefeuille*, employées en médecine.

Les **Dipsacées** forment une famille assez semblable à la précédente par leur port et l'apparence générale de leurs fleurs. Il existe cependant quelques différences que les botanistes savent très-bien reconnaître, mais que nous ne voulons pas entreprendre d'expliquer ici. Une des plantes les plus utiles de cette famille est la *cardère à foulon*, qu'on appelle aussi *chardon bonnetier ;* les piquants dont ses têtes sont hérissées, quand la fleur est passée, servent aux bonnetiers et aux fabricants d'étoffes de laine pour peigner leurs tissus et en tirer les poils. — La *scabieuse*, ou la *fleur de veuve*, a des fleurs tristes mais belles cependant et d'une agréable odeur de miel.

La famille des **Valérianées** comprend la *valériane*, employée en médecine, et la *mâche* ou *doucette*, qu'on mange en salade.

La grande famille des **Rubiacées** est une de celles qui fournissent le plus de secours à la médecine, aux arts et à l'alimentation de l'homme.

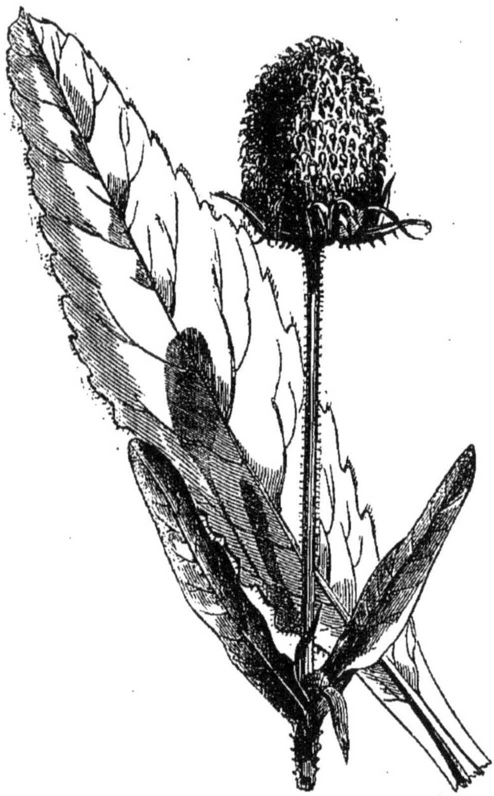

Fig. 78 — Chardon foulon.

Nommons d'abord la *garance* ou *rubia*, dont la racine donne une excellente couleur rouge, propre surtout à teindre les laines; il y en a de très-grandes cultures dans les départements du Bas-Rhin, de Vaucluse et du Nord. C'est dans cette famille que se trouve le *quinquina*, arbre de l'Amérique méridionale,

Fig. 79. — Récolte du quinquina.

dont l'écorce est un excellent fébrifuge ; il y en a de jaunes, de gris et de rouges : les quinquinas les plus estimés sont ces deux dernières sortes, qui croissent dans la Colombie. On a naturalisé ce précieux arbre à Java et dans l'Inde. — Ce sont

Fig. 80. — Caféier.

aussi deux espèces de plantes de la même famille qui donnent le purgatif célèbre nommé *ipécacuanha*, originaire de l'Amérique du Sud. — Mais la plus fameuse des rubiacées est le *caféier* ou *cafier*. C'est un élégant arbrisseau, dont la tige, droite et très-fournie de branches et de rameaux, est constamment

Fig. 81. — Le capitaine Déclieux sauve le plant de café destiné à la Martinique.

couverte de feuilles d'un beau vert luisant; ses jolis bouquets de fleurs blanches répandent une odeur suave; son fruit, de la couleur et de la grosseur des cerises bigarreaux, contient, au lieu de noyau, deux petites graines; celles-ci sont le précieux produit nommé café, dont il se fait une si grande consommation.

Le café agit puissamment sur les facultés intellectuelles; il récrée le cerveau, il chasse la tristesse et l'engourdissement des sens, il aiguise l'esprit. Originaire de l'orient de l'Afrique, cet arbrisseau fut porté de bonne heure dans l'Yémen, en Arabie ; c'est là, dit-on, que ses propriétés furent découvertes par le chef d'un monastère : ce religieux, ayant remarqué que les chèvres qui en mangeaient étaient extrêmement vives et gaies, résolut de s'en servir pour réveiller ses moines, qui se livraient au sommeil pendant les offices de la nuit.

Les Hollandais en prirent dans ce pays quelques pieds, qu'ils introduisirent à Batavia, dans l'île de Java : on en décora ensuite les serres d'Amsterdam. En 1714, on en apporta au Jardin des Plantes de Paris ; ce fut là que, en 1723, le capitaine Déclieux en choisit un pied qu'il désirait planter à la Martinique : il en prit un soin particulier pendant la traversée, au point que, l'eau venant à manquer, et l'équipage étant réduit à une petite ration, il se priva de la sienne pour arroser sa plante. Celle-ci réussit parfaitement dans l'île où la portait le zélé planteur; de là, la culture du caféier se propagea avec le plus grand succès dans toutes les Antilles et dans d'autres parties de l'Amérique.

La famille des **Caprifoliacées** doit son nom au *chèvrefeuille*, joli arbrisseau qui grimpe et s'enroule autour des objets voisins, et répand, par ses fleurs, un parfum agréable. — Elle renferme encore le *sureau*, employé en médecine comme sudorifique ; — le *cornouiller*, utile surtout par son bois extrêmement dur.

La *viorne*, à laquelle appartient la jolie plante appelée *boule de neige*, et le *lierre*, grimpant et toujours vert, sont encore des caprifoliacées.

La famille des **Loranthées** comprend le *gui*, singulier végétal, qui vit en parasite sur les arbres ; il s'implante dans leur écorce et se nourrit de leur séve : on le trouve abondamment sur les pommiers, les poiriers, les oliviers, les amandiers, les pruniers, etc. Celui des chênes était très-vénéré chez les Gaulois ; les druides parcouraient, armés d'une serpe d'or, les bois et les forêts, pour y découvrir ce gui sacré, qui devenait entre leurs mains une panacée universelle : on le portait suspendu au cou ; on en appendait des branches sur le seuil des habitations ; on en couvrait les murs des temples. Plusieurs contrées de la France conservent encore quelques traces des anciennes cérémonies dans lesquelles le gui jouait le rôle principal, surtout au renouvellement de l'année. Dans l'Orléanais, par exemple, les enfants et les domestiques disent à leurs parents, à leurs maîtres, à chaque nouvelle année : *Salut à l'an neuf, donnez-moi ma gui l'an neuf.*

C'est dans la famille des **Rhizophorées** que sont compris les *palétuviers* et les *mangliers*, végétaux touffus, qui croissent dans les régions chaudes, basses et humides, et dont les rameaux inférieurs, tombant sur le sol, forment d'impénétrables buissons.

La famille des **Araliacées** a peu de plantes. L'*aralia* produit un effet agréable par ses grandes et nombreuses feuilles. Le célèbre *ginseng* est considéré, dans l'empire Chinois et au Japon, comme une panacée universelle, et on le paye au poids de l'or.

Une famille plus importante pour nous, ce sont les **Ombellifères**, qui peuplent partout nos champs et nos jardins. Leurs fleurs forment ce qu'on appelle des *ombelles*, c'est-à-dire que les petites branches qui les supportent partent d'un même point, et arrivent, en s'écartant, à la même hauteur, comme les rayons qui soutiennent une ombrelle. Parmi les plantes utiles de cette famille, il faut distinguer l'*anis*, le *fenouil*, la *coriandre*, employés en médecine et dans les arts du confiseur et du distillateur ; — l'*angélique*, qui exhale un parfum délicieux, et avec les tiges de laquelle on prépare une conserve agréable et fort bonne pour l'estomac ; — le *persil*, le *céleri*, le *cerfeuil*, la *carotte* et le *panais*, d'un usage si ordinaire dans la cuisine. — Mais, à côté de tant de végétaux précieux, il est fâcheux de trouver la dangereuse *ciguë*, qui contient un poison actif. Ce fut ce poison qui fit périr Socrate.

Fig. 82. — Angélique.

Quelquefois on l'a malheureusement confondue avec le persil et le cerfeuil, auxquels elle ressemble beaucoup ; il faut, pour la distinguer, se souvenir qu'elle a des fleurs très-blanches, une tige fort lisse, une odeur vireuse et nauséabonde, bien différente de l'odeur agréable de ces deux autres plantes.

Il est une ombellifère qui a acquis une certaine célébrité dans l'histoire de l'éducation : c'est celle qu'on appelle *férule ;* les maîtres d'école en faisaient jadis usage pour frapper leurs disciples. On a donné plus tard, par extension, le nom de férule à une lanière de cuir ou de bois dont on s'est servi souvent pour punir les enfants. Une espèce de férule, celle de Perse, fournit, par sa racine, la gomme-résine médicinale appelée *assa-fœtida ;* l'odeur en est nauséabonde, fétide, et extrêmement désagréable pour les Européens ; les Orientaux, au contraire, y trouvent beaucoup d'agrément : ils mettent de cette substance dans presque tous leurs aliments, et la nomment *délice des dieux*.

Fig. 83. — Carotte.

La famille des **Renonculacées** est une des plus belles, mais aussi l'une des plus dangereuses : les *renoncules* plaisent par leurs jolies fleurs jaunes ; les *aconits*, par leurs fleurs bleues, en forme de casque ; mais les unes et les autres contiennent des sucs vénéneux. — Les *adonis*, les *nigelles*, les *ancolies*, les *dauphinelles* ou *pieds-d'alouette*, les *pivoines*, les *anémones*, sont de gracieux ornements de nos jardins. — L'*ellébore*, qui jouait un grand rôle chez les anciens pour la guérison de la folie, est une renonculacée.

Les *clématites* sont des plantes d'ornement à tiges grimpantes, fort communes dans nos jardins.

La famille des **Papavéracées** a pour plante principale le

Fig. 84. — Ellébore.

pavot ou *papaver ;* les graines de ce végétal, cultivé en grand dans plusieurs pays, donnent l'huile d'œillette ou oliette (quelquefois olivète) ; son suc, laiteux et blanchâtre, mais qui devient noir au bout de quelque temps, fournit l'opium. C'est particulièrement des pavots de l'Asie Mineure et de la Perse qu'on retire cette matière, d'un usage général parmi les Orientaux. Elle remplace chez eux les liqueurs spiritueuses, proscrites par la loi de Mahomet; souvent ils la fument en la mêlant au tabac. Pris à petite dose, l'opium excite la gaieté et

Fig. 85. — Pavot.

plonge dans une douce ivresse; en plus grande quantité, il détermine l'assoupissement, le délire, les convulsions et une léthargie mortelle.

Le *coquelicot*, frère du pavot, égaye les champs de blé par sa jolie fleur rouge.

La nombreuse et très-utile famille des **Crucifères** tire son nom de ce que la corolle y est disposée en croix. On y trouve le *chou*, qui est une des plantes potagères les plus importantes ;

Fig. 86. — Chou.

— la *rave*, le *navet*, le *radis* et la *petite rave*, dont on mange la racine ; — la *navette* (variété du navet) et le *colza*, dont les graines fournissent une huile usitée surtout pour l'éclairage ; — le *cresson*, qui se plaît dans les lieux humides ; — la *moutarde*, dont les graines sont employées à faire un assaisonnement fort connu ; — l'*anastatique* ou *rose de Jéricho*, plante singulière, commune dans les déserts de la Syrie et de l'Égypte, et qui, paraissant desséchée et morte sur le sable aride, se ranime bientôt et s'étale considérablement si elle est humectée.

Le *pastel* ou *guède* est une crucifère intéressante par la belle couleur bleue qu'elle fournit ; on en cultive beaucoup dans le midi de la France. Que de plantes d'ornement nous offre aussi cette riche famille ! Qui ne connaît la *giroflée*, la *julienne*, l'*alysson*, qui ressemble à une jolie corbeille d'or ; le *thlaspi*, qui ressemble à une corbeille blanche ?

Beaucoup de crucifères sont usitées en médecine ; tel est le *cochléaria*, employé contre le scorbut.

La famille des **Résédacées** est bien petite et bien humble auprès de celle dont nous venons de parler. Cependant tout le monde apprécie l'odeur suave du *réséda* ; et il faut encore plus estimer la *gaude*, dont on tire une belle couleur jaune.

Les cinq ou six familles qui précèdent ne contiennent que des herbes : celle des **Acérinées**, au contraire, renferme de grands et magnifiques arbres : tel est le *marronnier d'Inde*, qui charme la vue par la majesté de son port et par ses superbes pyramides de fleurs blanches ou roses. Tel est aussi l'*érable*, dont le *sycomore* est une espèce et dont on fait des avenues bien ombragées. Dans l'Amérique septentrionale, on retire un excellent sucre de la séve de certains érables.

La famille des **Tamariscinées** tire son nom du *tamarix* ou *tamarisque*, joli arbrisseau, aux rameaux nombreux, aux feuilles très-petites et très-rapprochées, aux fleurs blanches ou purpurines ; ces charmants végétaux se plaisent dans les cantons sablonneux voisins de la mer, et les côtes de la Méditerranée en offrent un grand nombre.

La famille des **Malpighiacées**, qui doit son nom au célèbre botaniste Malpighi, habite l'Amérique.

Dans la famille des **Érythroxylées**, on remarque le *coca*, arbuste qui croît dans les vallées humides des Andes, et dont les Indiens mâchent les feuilles très-fortifiantes.

La famille des **Guttifères** n'a que des végétaux qui croissent loin de nous : un des plus célèbres est le *cambogie* ou *guttier*, qui vient dans le sud-est de l'Asie, et donne la gomme-gutte, dont on fait usage en médecine et en peinture. Le *mangoustan*, assez semblable à cet arbre, porte un fruit délicieux, qui tient, pour le goût, de la fraise, de l'orange et de la cerise.

La famille des **Hespéridées** tire son nom du fabuleux jardin des Hespérides, que la poésie antique peuplait de ces végétaux précieux. Elle est originaire des parties chaudes de l'ancien monde; mais, transportée depuis longtemps en Amérique, elle y a prospéré comme dans sa propre patrie, et s'y est multipliée en épaisses forêts. Tout plaît dans les hespéridées: leur port est noble; leurs feuilles aromatiques et toujours vertes forment des touffes élégantes; leurs fleurs répandent le plus délicieux parfum. L'*oranger*, la plus précieuse de toutes les hespéridées, est sorti, croit-on, du sud-est de l'Asie, et non, comme le veut la légende, du jardin des Hespérides en Afrique; il vit dans tous les pays chauds, même dans nos provinces françaises du Midi: la Provence et le comté de Nice, Malte, le Portugal, les Açores, les Baléares, le royaume de Valence, ont les meilleures oranges de nos climats. — Les autres principaux végétaux de cette famille sont: le *citronnier*, dont les fruits se nomment citrons; — le *cédratier*, dont le *poncire* est une variété et dont les fruits, appelés cédrats, atteignent une grosseur remarquable; — le *limonier*, arbre majestueux, qui porte les limons; — le *pamplemousse*, dont les fleurs sont très-larges et qui se trouve surtout aux îles Maurice et de la Réunion; — le *bigaradier*, qui a aussi de grandes fleurs, d'une odeur très-suave.

La famille des **Théacées** a pour patrie le sud-est de l'Asie. Elle doit son nom à sa plante principale, le *thé*, dont les Chinois récoltent les feuilles; ils les roulent, ils les dessèchent sur des plaques de fer échauffées; ils les aromatisent avec des plantes odoriférantes. Mises ensuite en infusion dans de l'eau bouillante, ces feuilles donnent, comme on sait, une boisson excitante et agréable. — C'est aux théacées qu'appartient le *camellia*, ou la *rose du Japon*, remarquable par ses grandes fleurs rouges, blanches ou panachées.

La famille des **Méliacées** compte plusieurs beaux arbres des pays chauds. Le plus intéressant est l'*acajou;* mais il faut en distinguer plusieurs espèces très-différentes: il y a l'acajou *mahogon*, avec lequel on fait des meubles; l'acajou *à planches*, plus tendre, plus léger, et employé particulièrement pour la construction des barques ; enfin l'acajou *à pommes*, dont le fruit se compose d'une sorte de poire, terminée par une noix huileuse, où se trouve une amande excellente.

Fig. 87. — Thé.

La famille des **Sarmentacées** ou **Vinifères** n'est pas nombreuse; mais elle est une des plus riches par l'importance de ses produits, puisqu'elle renferme la vigne. Cette plante est originaire de l'Asie, mais on l'a propagée dans la plus grande partie de l'ancien continent, et la France, l'Espagne, l'Italie, la Grèce, la Hongrie, l'Allemagne, sont aujourd'hui les pays qui en profitent le plus. Il est inutile d'en faire ici l'éloge : tous mes lecteurs connaissent le suc rafraîchissant et doux du raisin ; ils savent que, par l'expression de ce fruit, on retire le vin, après une certaine fermentation ; que le vinaigre en est obtenu par une fermentation plus longue; que, par la distillation, on en extrait l'alcool et l'eau-de-vie. Le tartre, qu'on emploie si fréquemment dans les arts, est aussi le produit du vin : c'est une sorte de sel qui s'attache aux tonneaux où ce liquide est contenu. — La *vigne vierge*, qui a l'Amérique pour patrie, a été considérée longtemps comme inutile; mais on lui a donné, par la culture, des qualités excellentes, et aujourd'hui elle donne, dans plusieurs parties des États-Unis, du vin excellent.

La famille des **Géraniées** est fort brillante, mais peu utile; parmi les nombreuses espèces, on remarque le *géranium écarlate*, qui répand une odeur très-désagréable; — le *géranium triste*, qui a des fleurs moins belles, mais qui exhale, au contraire, une odeur délicieuse.

La famille des **Balsaminées** ne contient que de petites plantes sans importance, dont la plus connue est la *balsamine*. Cependant elle mérite d'être nommée à cause du coup d'œil agréable de ses fleurs, et pour la singularité de son fruit. Ce fruit, lorsqu'il est très-mûr, s'ouvre avec élasticité, et se roule brusquement en spirale pour peu qu'on le touche; dans ce mouvement de contraction, les graines sont lancées au loin : c'est ce qui a fait appeler ces plantes *impatientes* ou *ne me touchez pas*.

La grande famille des **Malvacées** renferme le colosse du Règne végétal : c'est le *baobab*, qui croît en Afrique : son tronc a souvent un diamètre de 8 à 10 mètres, c'est-à-dire une circonférence de 25 à 30 mètres; dix-sept ou dix-huit hommes auraient de la peine à l'embrasser en joignant les uns aux autres leurs bras étendus. Du haut de ce tronc partent des branches nombreuses, dont chacune égale les plus grands arbres de nos forêts. Plusieurs de ces branches s'inclinent à leur extrémité, jusqu'à toucher le sol et cacher entièrement le tronc; alors l'arbre forme une vaste rotonde de verdure. Les baobabs vivent un temps prodigieux; un savant a calculé que ceux dont le diamètre est de 10 mètres ne doivent pas avoir moins de 5000 ans d'existence.

Les fruits de cet arbre sont gros comme des oranges, et connus des Français du Sénégal sous le nom de *pain de singe ;* ils ont un goût aigrelet et assez agréable.

Le *fromager* ou *bombax* est une autre malvacée énorme, qui ne vient que dans les pays équinoxiaux; son fruit est accompagné d'un duvet assez semblable au coton. — Le *cotonnier* lui-même se trouve dans cette famille, et il en est certainement la plante la plus importante. On en distingue deux espèces :

le *cotonnier en arbre*, qui n'habite que les régions les plus

Fig. 88. — Le baobab.

chaudes, et le *cotonnier herbacé*, beaucoup plus généralement cultivé; il réussit jusque dans les contrées méridionales de l'Europe, et on pourrait le faire prospérer dans le midi de la

France. Les fleurs du cotonnier sont grandes et belles; les fruits qui leur succèdent contiennent un duvet laineux d'une blancheur éclatante, que l'on nomme coton, et qui est de-

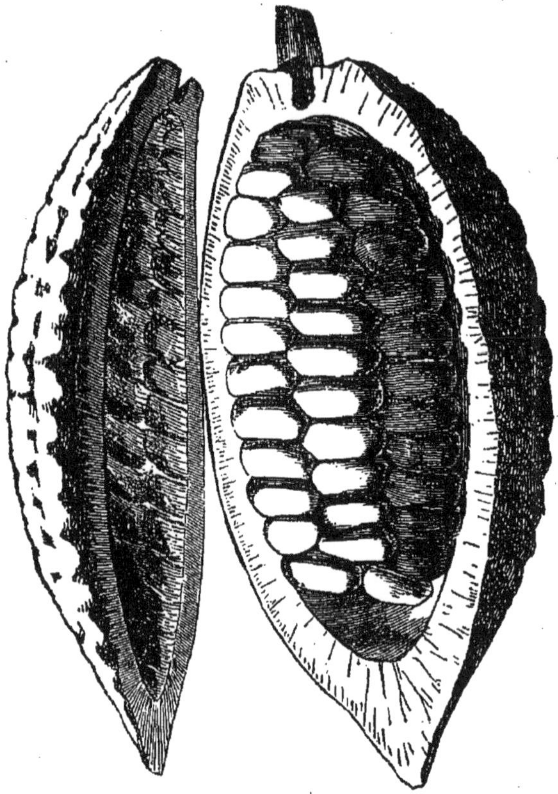

Fig. 89. — Fruit du Cacaoyer.

venu, avec la soie, la laine et le lin, la matière la plus nécessaire aux hommes pour leurs vêtements.

Le *ketmie* est une malvacée remarquable par ses belles fleurs; l'espèce qu'on nomme *gombo* produit beaucoup de graines de la grosseur d'un petit pois; c'est un bon aliment, fort usité en Amérique.

La *mauve*, la *rose trémière*, la *guimauve*, appartiennent

Fig. 90. — Récolte du coton.

aussi à cette riche famille. Enfin nommons-y encore le *cacaoyer*, arbre précieux de l'Amérique équinoxiale : il a l'aspect et le port d'un cerisier de moyenne taille ; ses fleurs, petites et jaunâtres, donnent naissance à un fruit nommé cacao, qui est à peu près de la forme et de la grosseur de nos concombres : les graines ou amandes renfermées dans ce fruit sont au nombre de trente ou quarante, et assez semblables à une grosse olive. On les pile, on les broie, puis, édulcorées avec du sucre, elles donnent le chocolat.

La famille des **Magnoliées**, qui peuplent les forêts de l'Amérique, a des fleurs et des feuilles d'une grandeur et d'une beauté admirables. Le *magnolia* et le *tulipier*, surtout, sont des arbres superbes. Le *quassia* est employé en médecine.

La famille des **Tiliacées** doit son nom au *tilleul*, dont le feuillage est beau et dont on fait souvent l ornement des allées ; le bois en est tendre et blanc, et s'emploie avec avantage dans les travaux de sculpture et de menuiserie ; les fibres de son écorce, remarquables par leur souplesse et leur ténacité, servent à fabriquer des cordages, des corbeilles, des toiles même. On remarque encore dans cette famille un arbre bien intéressant, le *rocoyer* ou *roucouyer*, qui croît au bord des eaux, dans l'Amérique méridionale et dans l'Inde, et dont les semences donnent la pâte de rocou ou roucou, propre à teindre en jaune aurore.

La famille des **Anonées** doit son nom à l'*anone* dont l'Amérique est la patrie, et dont l'espèce la plus intéressante est le *cherimolia*, au fruit délicieux.

Les **Violariées** forment une de ces familles qui cachent leur mérite sous une apparence fort simple. Rien n'est plus humble que la *violette*, mais nulle fleur ne plaît davantage par son agréable odeur, qui vient nous charmer dès l'hiver, quand les autres végétaux sont encore plongés dans l'engourdissement. La *pensée*, estimée pour ses belles couleurs, n'est qu'une espèce de violette.

La famille des **Caryophyllées** contient des plantes bien communes, mais souvent charmantes ; la plus intéressante est l'*œillet*, que ses belles couleurs et son parfum agréable font rechercher. Une autre est la *croix de Jérusalem*, qui fait partie du genre *lychnis*, et qui élève avec grâce ses touffes de fleurs d'un rouge magnifique. N'oublions pas non plus le *mouron blanc*, qui est un mets friand pour les petits oiseaux.

La famille des **Linées** compte peu de plantes, mais elle en a du moins une très-importante, le *lin*, objet d'une vaste culture dans une grande partie de l'Europe. Ses tiges donnent des fibres qui servent à fabriquer des toiles; ses graines fournissent une huile qui convient principalement pour la peinture et pour l'éclairage; on en fait aussi une farine fort usitée en médecine.

Fig. 91. — Lin.

La famille des **Saxifragées** tire ce nom, qui veut dire *rompt-pierre*, de ce que plusieurs de ses plantes croissent au milieu des fentes des rochers, et à travers les cailloux; la plus belle des saxifragées est sans doute l'*hortensia*, arbuste qui nous vient de la Chine et du Japon, et dont on admire les fleurs groupées en magnifiques globes roses.

La famille des **Crassulées** renferme la *joubarbe*, qui croît sur les toits, sur les vieux murs, dans les ruines, et qui est usitée en médecine.

La famille des **Cactées** est une des plus extraordinaires par la bizarrerie des formes qu'elle présente. Tantôt la plante figure une boule, qui varie depuis la grosseur d'un œuf de poule jusqu'à celle de nos potirons les plus énormes ; tantôt elle est cylindrique, et s'élève droit comme un cierge ; d'autres fois elle est rampante, ou grimpe aux arbres voisins ; quelquefois elle est composée d'une foule de rameaux aplatis et ovales, naissant les uns au-dessus des autres, et composant l'ensemble le plus irrégulier, le plus grotesque. Ces végétaux sont dépourvus de feuilles, mais ils sont armés d'épines fines et nombreuses. De ces tiges si singulièrement hérissées, on est surpris de voir sortir des fleurs superbes, d'un blanc éblouissant, ou d'un rouge éclatant, ou d'un jaune doré. La plupart des cactées renferment un suc abondant et frais, qu'on est charmé de rencontrer au milieu des déserts arides où se plaisent ces étranges herbes. Je dis des *herbes*, et non des arbres, car les cactées n'ont pas la consistance du bois, quoiqu'elles atteignent quelquefois jusqu'à 20 mètres de hauteur ; elles sont formées d'une matière grasse, charnue et molle. La plus élevée est le cierge ou cactus du Pérou ; mais la plus utile est le *nopal* ou *cactus à cochenille*, sur lequel on élève, au Mexique et dans quelques autres pays chauds, le précieux insecte nommé cochenille, élément du carmin.— L'*opuntia* ou *cactus raquette*, qu'on appelle aussi, improprement, *figuier d'Inde*, donne des fruits d'un goût agréable.

La famille des **Ribestiées** ne compte que de modestes arbrisseaux, non insignifiants cependant ; on y voit le *groseillier*, dont les fruits sont si utiles.

La famille des **Onagrées** comprend des plantes d'une odeur extrêmement agréable ; comme l'*onagre*, dont les fleurs jaunes embaument nos jardins dans nos soirées d'été, et le *sandal*, arbre aromatique célèbre, qui croît dans le sud de l'asie et dans l'Océanie.

Les **Myrtées** sont une des familles les plus intéressantes et les plus belles ; on y remarque d'abord le *myrte*, arbre élégant, qui exhale de toutes ses parties une odeur suave, et qui plaît à la fois par ses fleurs charmantes et par la fraîcheur perpétuelle de son feuillage luisant. Chez les Grecs, il était l'emblème de la gloire et des plaisirs; les archontes s'en décoraient le front durant l'exercice de leurs fonctions ; on en

Fig. 92. — Cierge ou cactus du Pérou.

faisait la couronne des vainqueurs aux jeux olympiques, et celle des triomphateurs à Rome. Il aime les pays chauds : cependant on en trouve en pleine terre jusque dans le département de la Manche.

Le *géroflier* ou *giroflier*, qui croît surtout aux Moluques, est un petit arbre de l'apparence du caféier; il porte de jolies fleurs roses très-odorantes; les boutons en sont cueillis, séchés, et livrés au commerce sous le nom de *clous de girofle;* on sait qu'ils servent comme épice dans beaucoup de mets; dans l'Inde, on les confit, et on les mange après les repas, comme digestif.

On trouve encore dans les myrtées le *grenadier*, aux belles fleurs rouges, aux fruits rafraîchissants; — le *seringat*, qui répand l'odeur la plus suave; — le *goyavier*, dont les fruits, nommés goyaves, ont la forme d'une poire et possèdent un parfum délicieux : il croît en Amérique.

Mais la plus importante des myrtées est peut-être l'*eucalyptus*, magnifique arbre de l'Australie, qui croît avec une rapidité merveilleuse et offre un port majestueux, un excellent bois de construction, un feuillage élégant, d'un vert bleuâtre: on commence à le naturaliser dans le midi de l'Europe et dans l'Algérie.

Les **Rosacées** sont la richesse principale de nos vergers, les délices de nos parterres, et l'ornement le plus gracieux de nos haies. Dans cette famille se trouvent : — le *rosier*, qui porte la rose, cette reine des fleurs, intarissable objet de culture, mais qui se montre sauvage dans nos haies sous le nom d'*églantine;* — le *pommier*, le *poirier*, le *cognassier* ou l'arbre au *coing;* — l'*alisier*, à la division duquel appartiennent l'*aubépine*, dont les masses touffues de fleurs blanches nous réjouissent aux premiers jours du printemps; — le *sorbier*, dont les bouquets de fruits ronds sont d'un effet si agréable par leur rouge de corail ; — le *fraisier*, qui donne l'excellente fraise; — la *ronce*, hérissée d'épines, il est vrai, mais dont nous aimons souvent les fruits, surtout ceux qu'on appelle framboises ; — les jolies *spirées;*— l'*amandier*, le *prunier*, le *pêcher*, l'*abricotier*, si connus par leurs savoureux produits, et qui paraissent originaires de l'occident de l'Asie ; — le *cerisier*, dont l'espèce la plus estimée pour son fruit nous vient aussi de l'Asie. Ne méprisons pas non plus l'espèce sauvage d'Europe qui est un grand arbre sous le nom de *merisier ;* et saluons en passant le joli petit cerisier appelé *laurier-cerise* ou *laurier-amandier*, dont les feuilles sont luisantes et belles, mais remplies

Fig. 93. — Églantine.

d'un dangereux acide prussique, que la médecine sait employer.

La famille des **Légumineuses** est moins brillante que les rosacées, mais elle n'est pas moins utile. Elle tire son nom de la nature de son fruit, qui est un *légume*, c'est-à-dire une *gousse*. On voit que le mot légume n'est pas pris ici dans le sens qu'on lui donne vulgairement ; car il signifie, dans le langage ordinaire, toutes sortes de plantes potagères, comme les choux, les carottes, et une foule d'autres végétaux qui sont la plupart fort différents des légumineuses. Mais il faut con-

Fig. 94. — Coing.

venir aussi que plusieurs de ces dernières sont des plantes potagères ; par exemple, le *pois*, le *haricot*, la *fève*, la *lentille*. — D'autres sont des plantes à fourrages, comme la *luzerne*, le *trèfle*, le *sainfoin*, le *lupin*, le *galéga*, la *vesce*. — Il y en a quelques-unes qui sont très-importantes dans les arts : par exemple, l'*indigotier*, qui croît dans les pays chauds, et dont les feuilles fournissent la matière bleue connue sous le nom d'indigo ; le *genêt des teinturiers*, qui donne une couleur jaune assez vive ; l'*hématoxyle* ou *bois de Campêche*, le *bois de Brésil* ou *brésillet*, arbres communs en Amérique, et qui donnent une teinture rouge.

L'*arachide*, qui croît particulièrement en Afrique, produit une petite noix huileuse, qui s'enfonce en terre, près des racines et donne une huile très-estimée.

Cette famille abonde en plantes médicinales célèbres, telle que la *réglisse*, commune en Italie et dont la racine fournit un suc adoucissant; la *casse* et le *séné*, originaires de l'Afrique ; — l'*astragale*, qui donne, dans le Levant, la gomme adragante ;

Fig. 95. — Fraise.

le *copaïer*, arbre d'Amérique, qui porte la résine de copahu ; — l'*acacia-gommier* ou *mimose-gommier*, qui croît dans l'Afrique, et qui produit la gomme arabique ; — l'*acacia catéchu*, qui donne la substance astringente appelée cachou ; on le trouve surtout dans l'Hindoustan.

Les légumineuses comptent aussi beaucoup de jolis arbres d'ornement : tels sont le *baguenaudier*, aux gousses singulièrement gonflées et remplies d'un air qui se dégage avec bruit quand on les presse ; — le *robinia* ou *faux acacia*, nommé, en général, simplement *acacia*, bel arbre originaire d'Amérique, utile par son bois, agréable par ses fleurs blanches et odorantes ; — le *cytise*, ou *faux ébénier*, dont on aime les fleurs jaunes disposées en jolies grappes pendantes ; — le *gaî-*

Fig. 96. — Robinia ou faux acacia.

nier ou *arbre de Judée*, qui se couvre, sur tout son bois, de charmantes fleurs roses, avant qu'il y ait des feuilles.

Ajoutons encore à toutes ces intéressantes légumineuses le *tamarinier*, qui croît dans les pays chauds, et dont les fruits, nommés tamarins, offrent un bon aliment ; — le *caroubier*, qui décore de ses jolies petites fleurs purpurines et odorantes les côtes de la Méditerranée, et qui porte l'excellent fruit appelé caroube, ou pain de Saint-Jean ; — enfin la *sensitive*, plante singulière, dont, au moindre attouchement, les feuilles se rapprochent et les rameaux fléchissent. On remarque, en général, une grande irritabilité dans la plupart des légumineuses, et beaucoup de ces végétaux sont sujets à une sorte de sommeil ; ils resserrent leurs feuilles le soir, et les étalent de nouveau au lever du soleil.

La famille des **Rhamnées** est bien moins riche que la précédente. Cependant elle possède le *nerprun*, qui donne le *vert de vessie* et la *graine d'Avignon*, couleurs fort employées par les peintres ; — le *houx*, aux feuilles épineuses, au bois très-dur, et dont l'écorce sert à préparer la glu. Parmi ses plus intéressantes espèces, on distingue le *chêne-vert* et le *thé du Paraguay* ou *matté*, qui donne aux habitants de l'Amérique du sud une boisson agréable. — Remarquons aussi le *fusain*, avec le bois duquel on fait un excellent charbon pour le dessin; — le *jujubier*, arbre des pays chauds, mais qu'on trouve jusque dans le midi de la France, et qui porte les jujubes, aliment agréable et pectoral. — On a rattaché aux jujubiers, mais sans motifs suffisants, le *lotos* ou *lotus* des anciens, qui offrait une nourriture abondante et délicieuse à un peuple d'Afrique sur la côte de la Méditerranée, appelé, à cause de cette plante, Lotophages.

La famille des **Anacardiacées** est remarquable par la grande quantité de résines et de baumes que fournissent ses arbres. Le *térébinthe* ou *pistachier* se présente d'abord ; il peuple toutes les contrées riveraines de la Méditerranée : une de ses espèces porte les amandes nommées pistaches ; une autre, le *lentisque*, fournit le mastic ; une troisième produit cette térébenthine nommée colophane. — Les *manguiers*, dans l'Inde et dans la Malaisie, donnent les mangues, fruit délicieux.

Les **Burséracées** comprennent les *balsamiers*, qui fournissent des baumes précieux, tels que ceux de la Mecque, de Galaad (en Palestine), et la gomme aromatique appellée *myrrhe*, originaire de l'orient de l'Afrique. — L'*oliban* ou le véritable *encens* est une gomme-résine d'un arbre nommé *boswellia*, originaire de l'Inde. — Les *sumacs* sont de beaux arbres de la même famille ; l'espèce la plus célèbre est le *sumac au vernis* ou le *rhus vernix*, dont les Japonais tirent leur beau vernis. Une variété nommé *ailante*, aujourd'hui fort répandue en France, est propre à nourrir un ver à soie.

La famille des **Euphorbiacées** abonde en plantes dangereuses et en plantes utiles ; les feuilles et la tige en sont ordinairement épaisses, charnues, et remplies d'un suc blanc et laiteux, mais très-âcre. Les *euphorbes*, très-employés en médecine, sont souvent fort gros, et montrent, par exemple dans certains déserts d'Afrique, leurs troncs massifs et sans grâce, où abondent les sucs vénéneux. — Le *croton*, précieux en médecine, offre parmi ses espèces l'*arbre à suif*, dont les fruits ont une matière grasse employée par les Chinois à faire des chandelles. — Le *tournesol des teinturiers*, qui réussit dans le Languedoc, et qu'on emploie pour teindre en bleu, est aussi une utile euphorbiacée. — Il faut nommer encore avec éloge le *palma-christi* ou *ricin*, dont les graines donnent une huile purgative, et qui se recommande par son port noble et ses larges feuilles en éventail. Le ver à soie qui s'en nourrit donne de bons produits.

Le *buis* est une euphorbiacée connue de tout le monde ; mais tout le monde ne sait pas qu'il y a d'autres buis que ces buis nains dont sont faites beaucoup des bordures de nos jardins ; dans le midi de l'Europe, en Corse, par exemple, il existe de superbes forêts de buis hauts de 30 à 35 mètres. Le bois de ce végétal est le plus dur et le plus pesant de tous les bois de l'Europe, et il s'emploie avec avantage dans une foule d'ouvrages de menuiserie et de tournerie.

L'*hévéa*, dans l'Amérique méridionale, produit la gomme élastique ou caoutchouc ; des incisions faites à son écorce, on voit découler un suc qui a d'abord la couleur du lait, mais qui noircit ensuite ; on reçoit ce suc sur des moules de terre glaise qui ont tantôt la forme d'une poire ou d'une bouteille, tantôt celle d'un oiseau ou de quelque autre animal ; souvent aussi ce sont de simples plaques. Quand le caoutchouc est

Fig. 97. — Ricin.

parfaitement sec, on brise ces moules, et il en conserve la forme.

La plus importante de toutes les euphorbiacées est sans doute le *manioc* ou *juca*, répandu dans les régions équinoxiales : la racine de cette plante fournit une excellente farine, et le pain qu'on en fait, connu sous le nom de cassave, est la nourriture habituelle de beaucoup de populations ; l'excellente farine de tapioca est la même substance ; mais on doit se garder de manger cette racine crue, car alors elle est un poison ; il faut en extraire d'abord le suc vénéneux, en la pressant et en la faisant cuire.

A côté de ce précieux végétal, il faut malheureusement placer le *mancenillier*, arbre américain qui contient un des poisons les plus redoutables.

La famille des **Cucurbitacées** est une bienfaisante amie de l'homme. Elle a des fruits généralement très-gros, appelés pépons, formés d'une chair nourrissante, et remplis d'un suc rafraîchissant. La plante à laquelle elle doit son nom est la *courge* ou *cucurbite ;* mais on comprend, sous ce terme, des végétaux assez différents les uns des autres : la vraie courge, la courge proprement dite, s'appelle encore *calebasse ;* ses fruits à coque ressemblent quelquefois à une bouteille, et servent, sous le nom de gourdes, aux voyageurs et aux ouvriers, qui y mettent du vin ou d'autres liqueurs ; les jardiniers les emploient pour serrer des graines, et l'on en fait divers ustensiles de ménage. Il existe une sorte de courge qu'on nomme courge trompette, parce que les nègres en font un instrument de musique ; ils la creusent, et en tirent un son aigre, en frappant sur l'ouverture avec la paume de la main. — On distingue encore, parmi les courges, le *giraumon* ou la *citrouille*, dont le fruit énorme offre une peau unie, d'un jaune pâle, et une chair d'une saveur douce et sucrée ; — le *potiron*, dont les fruits sont à côtes et de la forme d'un sphéroïde très-aplati aux deux pôles ; — la *pastèque* ou le *melon d'eau*, qui vient très-bien dans les pays méridionaux de l'Europe, et qui porte des fruits lisses, à chair rougeâtre et délicieuse.

Les autres cucurbitacées les plus remarquables sont : le *con-*

Fig 98. — Récolte du caoutchouc.

combre, qui, cueilli vert et confit dans le vinaigre, prend le nom de cornichon ; — le *melon*, qui est un de nos mets les plus agréables ; — le *papayer*, arbre élégant des pays chauds. On distingue le grand papayer et le papayer commun : celui-là produit, à l'extrémité de sa tige, des groupes de papayes de la

Fig. 99. — Melon.

grosseur d'un melon, et d'une chair jaune, sucrée et très-fondante ; l'autre a des fruits de la grosseur d'une orange. — L'amère *coloquinte* et la *bryone*, qui grimpe autour des arbrisseaux de nos haies, appartiennent aussi à cette famille.

La grande famille des **Urticées** offre, comme plusieurs autres, un mélange de propriétés très-utiles et de qualités malfaisantes. Combien de services, par exemple, ne doit-on pas au *chanvre*, dont la tige fournit des fibres propres à faire des toiles et des cordages, et dont la graine, appelée chènevis, donne une huile abondante ! — Combien aussi l'on estime cette plante grimpante nommée *houblon*, si souvent employée en médecine, et dont les cônes entrent d'une manière si salutaire dans la composition de la bière! — Quel éloge ne peut-on pas faire de ce grand arbre de l'Océanie, qu'on appelle *arbre à pain* à cause

Fig. 100. — Houblon.

de l'excellente nourriture que présente son fruit, souvent énorme! — Le *mûrier* est encore bien plus important; car ce sont ses feuilles qui nourrissent les meilleurs vers à soie, et qui contribuent ainsi à nous fournir la plus belle et la plus précieuse matière de nos vêtements. Il existe une sorte de mûrier qu'on nomme mûrier à papier, et dont l'écorce sert, en Chine et au Japon, à la fabrication du papier et des étoffes.

Le *figuier* est aussi l'une des plus intéressantes urticées;

notre *figuier commun* n'est remarquable que par son fruit ; mais il y a dans le sud de l'Asie deux sortes de figuiers que

Fig. 101. — Figuier aux Banians.

leur aspect imposant et extraordinaire a fait considérer comme sacrés par les Hindous : l'un est le *figuier indien* ou *l'arbre*

Fig. 102. — Chêne.

aux Banians, dont chaque pied forme à lui seul une forêt impénétrable; car de ses branches descendent des racines innombrables qui vont toucher le sol, s'implantent et forment autant de tiges nouvelles. Rien ne peut rendre l'effet que produisent la magnificence majestueuse de cet arbre et l'ombre mystérieuse de sa voûte feuillue; des armées entières peuvent trouver un abri sous cette masse de verdure, supportée souvent par plusieurs milliers de tiges. — L'autre est le *figuier religieux* ou *arbre de Bouddha*, commun à Ceylan; il est également majestueux et magnifique, mais n'a pas de racines aériennes.

Parmi les urticées nuisibles, il faut nommer l'*ortie*, dont les feuilles et la tige sont couvertes de poils creux qui versent sous la peau, quand on les touche, une liqueur brûlante. — Citons aussi l'*antiare*, arbre de l'île Célèbes, dont la séve est le poison *boûn-oupas*, d'une effrayante activité.

La famille des **Amentacées** contient la plupart de nos arbres sauvages les plus beaux et les plus utiles: par exemple, *l'orme*, le *hêtre*, le *charme*, le *chêne*. Le chêne! Ce nom rappelle l'orgueil de nos forêts, le symbole de la liberté, de l'honneur et de la puissance. « Près du chêne tout est vie, tout a du mouvement, dit Thiébaud de Berneaud; une multitude de petites plantes et de jeunes arbrisseaux se réunissent sous son ombrage tutélaire; le lierre l'embrasse de ses festons verdoyants; des troupes d'oiseaux se jouent dans son feuillage, pendant que des milliers d'insectes bourdonnent autour de son tronc, de ses rameaux, et viennent y chercher un asile. Les uns le couvrent d'excroissances singulières; les autres s'attachent à ses boutons, aux jeunes pousses, aux feuilles, ou bien ils se logent dans ses fruits, son écorce, ses racines; l'écureuil et le polatouche sautillent de branche en branche pour en enlever les glands avant leur parfaite maturité; tandis que le cerf, le daim, le chevreuil, dévorent ceux qui jonchent le sol. Le mulot, le porc et le sanglier recherchent avec avidité, jusqu'auprès des racines, ceux que la terre recèle. L'homme à son tour demande au chêne son bois de chauffage, les poutres et les planches propres à assurer la solidité et la durée de ses maisons, de ses constructions navales, les pièces nécessaires pour faire une charrue, des herses, des outils. L'écorce sert à l'usage

Fig. 105. — Récolte de l'écorce du chêne-liége.

des tanneries et des autres manufactures où l'on prépare les peaux des animaux, afin de les rendre utiles au delà de l'époque fixée par la nature pour leur destruction. » Il existe des chênes dont le gland est bon à manger : tel est celui qu'on surnomme *bellote*, et qui abonde dans le voisinage de la Méditerranée. — Une espèce bien précieuse, mais qui n'a qu'une chétive apparence, c'est le *chêne à la galle*, commun dans l'ouest de l'Asie : on y recueille un produit très-employé dans les arts, je veux dire la noix de galle, excroissance charnue, due à la piqûre d'un insecte dont nous parlerons par la suite. — Le *chêne au kermès* est un chêne toujours vert, qui se trouve dans les lieux arides et pierreux du midi de l'Europe ; il nourrit un insecte appelé kermès, qui fournit une superbe couleur écarlate. — Le *chêne-liége*, qu'on trouve aussi dans l'Europe méridionale et jusque dans le sud de la France, a une écorce épaisse, crevassée et spongieuse, qu'on nomme liége.

C'est encore dans les amentacées qu'on trouve le *peuplier*, si majestueusement élancé ; — le *bouleau*, dont les feuilles tremblent à la moindre agitation de l'air, et dont la séve est une boisson chez quelques peuples du nord ;—le *noisetier*, le *noyer*, si intéressants par leurs excellents fruits ; — le *châtaignier*, qui donne les châtaignes et les marrons. Lorsque le fruit du châtaignier renferme plusieurs grains, et que l'on distingue les cloisons qui les séparent, c'est une *châtaigne ;* s'il ne reste qu'une graine dans ce fruit, c'est un *marron :* on n'y remarque pas de cloisons, et le goût en est généralemant plus délicat. Le châtaignier est l'un de nos plus gros arbres. On voit sur le mont Etna le *châtaignier des cent chevaux*, qui n'offre plus que des débris, mais qui au commencement de ce siècle avait encore 17 mètres de circonférence, 53 mètres de hauteur, et sous lequel cent chevaux pouvaient trouver un abri : il présentait dans son tronc une ouverture à travers laquelle deux chars ordinaires passaient aisément de front.

Le *platane* ou *plane* est une autre amentacée, remarquable par son port superbe, par ses feuilles larges et nombreuses ; il atteint souvent aussi d'énormes dimensions.

Les **Myricées** sont une famille voisine, où se trouve le *cirier* ou *arbre à cire*, originaire des pays équinoxiaux, mais qu'on pourrait naturaliser en France ; il contient dans ses fruits une matière propre à fabriquer des bougies.

Fig. 101. — Châtaignier des cent chevaux.

Terminons les phanérogames par la famille des **Conifères.** Elle tire son nom de ce que le fruit des plantes qu'elle renferme est généralement en forme de cône ; ces plantes ont souvent elles-mêmes une forme conique, et de loin elles ressemblent à une pyramide de verdure. Les conifères aiment les régions du nord et les hautes montagnes; leur aspect est grand et majestueux, mais triste et sévère. Leurs feuilles ne meurent, chaque année, qu'après que de nouvelles feuilles sont déjà poussées : aussi ces arbres se montrent-ils toujours verts. Le *pin* est un des végétaux les plus communs de cette famille ; nous en avons en France de grandes forêts, surtout dans les Pyrénées et dans ces arides plaines des Landes qui s'étendent entre Bordeaux et Bayonne. On distingue, parmi les pins, le *pin sylvestre* ou *commun;* le *pin maritime*, qui donne le plus de goudron et qui réussit bien dans les dunes; le *pin de Russie*, très-élevé, et fort propre à la construction des mâts des vaisseaux ; le *pin de Corse;* le *pin de lord Weymouth,* qui atteint 60 mètres de hauteur. Les pommes de pin sont quelquefois bonnes à manger; par exemple, dans le *pin pignon*, dont les petites amandes ont un goût agréable. — Les *sapins* ont, en général, une apparence plus majestueuse encore que celle des pins, et leurs rameaux s'étalent horizontalement avec plus de grâce. Ce sont les arbres qui s'élèvent le plus haut : on en trouve de magnifiques forêts dans le Jura, dans les Vosges, dans les Alpes, la Norvége; dans la partie occidentale de l'Amérique du Nord, vers les bords du Columbia, on admire les sapins *sequoia* ou *wellingtonia*, de 80 et 100 mètres d'élévation. Dans nos climats sont fort répandus les *épicéas* et les *sapinettes*, sapins d'ornement plutôt que de forêt.

Le *mélèze* a des feuilles d'un vert plus tendre et plus gai que celui des autres conifères : son bois est presque incorruptible. — Le *cyprès*, dont les feuilles sont au contraire d'un vert obscur et triste, a aussi un bois séculaire. — L'*if*, d'une apparence également sombre, porte de petits fruits vénéneux. — Le *thuya* offre, en Algérie, un magnifique bois d'ébénisterie. — Le *cèdre*, originaire du Liban et du Taurus, en Asie, est

Fig. 105. — Sapin.

admirable par les touffes immenses de verdure que présentent ses branches nombreuses, très-ouvertes et légèrement courbées vers la terre.

Il ne faut pas confondre ce cèdre asiatique avec le *cèdre de Virginie*, qui est une espèce de *genévrier ;* ce dernier est moins gros, plus élancé, et son bois, rouge, léger et odorant, est celui qu'on emploie ordinairement à couvrir les crayons de mine de plomb.

Les conifères abondent généralement en sucs résineux ; c'est un travail très-important que l'exploitation de ces résines, qu'on vend sous les noms de térébenthine, de poix, de goudron, de colophane.

Les **Cycadées** sont une belle famille des régions équinoxiales, qui a souvent le port et la noble apparence des palmiers ; les *cycas*, qui en sont le genre principal, donnent des amandes bonnes à manger, dans l'Inde, au Japon et dans la Malaisie. — Les *zamias* sont d'autres belles plantes de cette famille.

PLANTES CRYPTOGAMES

Nous avons déjà vu que les cryptogames sont les plantes privées de fleurs, ou qui du moins n'ont pas de fleurs visibles. Elles n'ont par conséquent pas de graines. Mais comment, dira-t-on, se reproduisent-elles ? La nature a pourvu à tout : au lieu de graines, ces végétaux ont des corpuscules contenus dans de petites capsules, et qui se répandent pour donner naissance à de nouvelles plantes. On donne à ces corpuscules, qui ressemblent souvent à de la poussière, le nom de *sporules* et de *séminules*.

Une des plus nombreuses familles des cryptogames est celle des **Algues**, **Fucus** ou **Varecs**, plantes aquatiques, qui tantôt croissent dans les eaux dormantes et étalent leurs filaments verdâtres, comme un limon, sur la surface des étangs et des lacs ; tantôt couvrent les rochers des bords de la mer ; ou bien elles vivent au milieu de l'Océan, et elles ont alors des centaines de mètres de longueur, lorsqu'elles touchent le lit de la mer ; mais souvent elles nagent en quelque sorte sur les ondes, et elles s'y étendent en vastes forêts flottantes, qui

1

Fig. 106. — Champignons.

entravent la marche des vaisseaux. C'est ainsi que, dans l'Atlantique, à l'ouest des Açores, on en rencontre d'immenses quantités dans une étendue de plusieurs centaines de lieues : on appelle cette partie de l'Océan *mer de Sargasse*.

La famille des **Champignons** n'est pas moins variée ni moins étrange. Jamais ces plantes n'ont de feuilles ; jamais elles ne prennent la couleur verte, si familière aux autres végétaux : les unes sont d'un beau blanc, d'autres offrent des globes d'un rouge éclatant, quelques-unes simulent un arbre de corail ou se parent d'un chapeau d'azur ; mais il y en a beaucoup dont la couleur est mate et triste. En général, cette famille se plaît dans les lieux humides. Les champignons croissent avec une rapidité extraordinaire, et durent peu de temps. Tantôt ils sont pour l'homme des aliments recherchés et délicats, tantôt ils contiennent un poison terrible. Ceux que l'on mange le plus ordinairement à Paris, ce sont les *agarics*, petits et blanchâtres.

Les *cèpes* et les *oronges* sont de gros champignons comestibles, très-recherchés dans le centre et le midi de la France. Mais il faut se défier des fausses oronges.

L'amadou se retire d'un autre champignon, le *bolet*, large, coriace, et qui croît sur les troncs d'arbres. — C'est encore à cette famille qu'appartient le singulier végétal nommé *truffe*, qui ne vit que sous terre, et dont on découvre la place, vers la racine de certains chênes, au moyen de porcs et de chiens.

Les *mucors* ou *moisissures*, qui couvrent de leurs filaments entrecroisés les matières végétales ou animales en décomposition, sont aussi des champignons.

Il est bien difficile de distinguer au premier abord les mauvais champignons des bons : aussi de nombreux empoisonnements ont-ils été causés par ces plantes ; voici cependant quelques caractères qui peuvent aider dans le choix de ce genre d'aliment. Les bons champignons ont une légère odeur de rose, d'amande amère ou de farine récente, une saveur de noisette, une surface sèche, une consistance ferme, une couleur franche, rosée, ne changeant point à l'air ; on les trouve presque toujours entamés par les animaux ; le temps les dessèche, mais ne les altère pas.

L'empoisonnement par les champignons se manifeste par des coliques violentes, des douleurs aiguës dans l'estomac, des nausées, des convulsions séparées par des intervalles d'assoupissement et de défaillance. Le premier soin, dans cet accident, est de provoquer le vomissement le plus promptement possible avec quelques grains d'émétique, ou, si l'on n'en a pas, avec de l'eau tiède.

La famille des **Mousses** est composée de petites plantes qui croissent sur les troncs des arbres, sur les vieux murs, sur les toits en tuiles ou en paille ; souvent aussi elles s'étendent en tapis de verdure sur la terre humide ; elles ne craignent pas les froids les plus rigoureux, et couvrent même les rochers des régions glaciales, où quelques espèces sont employées comme aliment.

La famille des **Lichens** (prononcez *likens*) contient des plantes innombrables, et qui vivent partout, sur le sol, sur l'écorce des arbres, sur les rochers stériles, dans les pays les plus froids, comme dans les régions chaudes et tempérées.

Fig. 107. — Lichen.

Les lichens se présentent sous des formes extrêmement variées : tantôt ils figurent une sorte de croûte, tantôt on les prendrait pour des dartres vives ; quelquefois ils ne sont qu'une simple poussière ; ou bien on les voit divisés en filaments qui pendent, comme une barbe blanchâtre, du tronc et des rameaux des arbres. Leurs couleurs sont également très-diverses, et offrent de jolies nuances de blanc, de jaune, de vert, de rouge, de rose et de noir. Il y a des lichens qui servent comme aliment : tel est le *lichen d'Islande*, qu'on réduit en une farine nourrissante, fort utile pour quelques peuples du Nord ; il est aussi un médicament précieux contre les affections de poitrine, et l'on en prépare, dans les pharmacies, des pâtes, des gelées, des tablettes, etc. — Il y en a d'autres qu'on emploie dans la teinture : le plus fameux est le *lichen rocelle*, qui croît principalement sur les rochers des côtes des îles Canaries, et dont on retire la couleur violette nommée *orseille*.

Fig. 107 *bis*. — Fougère.

De toutes les familles des cryptogames, la plus belle est celle des **Fougères** : le feuillage de ces plantes est riche, agréablement découpé, et forme souvent des panaches élégants. Dans nos climats tempérés ce ne sont que des herbes; mais dans les contrées équinoxiales elles deviennent de véritables arbres, et elles ressemblent à de petits palmiers.

On brûle les fougères pour extraire l'abondante potasse que contiennent leurs cendres.

RÈGNE ANIMAL

La science qui traite du règne animal s'appelle *zoologie.*

Malgré la richesse du règne végétal, les animaux sont plus admirables encore par leur variété et leur organisation. Ils sont beaucoup plus nombreux ; car, sans compter les innombrables créatures qui frappent habituellement nos regards, ils existe des animalcules infinis qu'on ne peut découvrir qu'avec un microscope, et qui peuplent nos aliments, nos boissons, l'air que nous respirons, enfin toutes les diverses parties de la nature.

Il est vrai que beaucoup de ces petits animaux, et qu'un grand nombre même de ceux que nous voyons sans le secours du microscope, diffèrent bien peu de certains végétaux : ils n'ont guère de plus qu'eux que la faculté de se mouvoir, et à leur forme on les prendrait volontiers pour des plantes. Il en est chez qui l'on ne trouve aucun organe pour voir ni pour entendre ; plusieurs sont tout à fait privés de tête. Un grand nombre restent attachés au sol comme des végétaux, ou sont ballottés par les eaux et l'atmosphère sans organes de locomotion. Mais, à mesure qu'on observe des animaux d'un ordre plus élevé, on marche de surprise en surprise ; on est frappé d'une admiration croissante à l'aspect de l'ensemble si compliqué, si ingénieux et si parfait qui règne dans la composition de tant d'êtres divers.

CLASSIFICATION DES ANIMAUX

Nous voyons les animaux se mettre en rapport avec tous les objets extérieurs par les *sens.*

Les animaux supérieurs ont cinq de ces moyens de relation avec les autres corps.

Le *toucher* ou *tact* est de tous les sens le plus élémen-

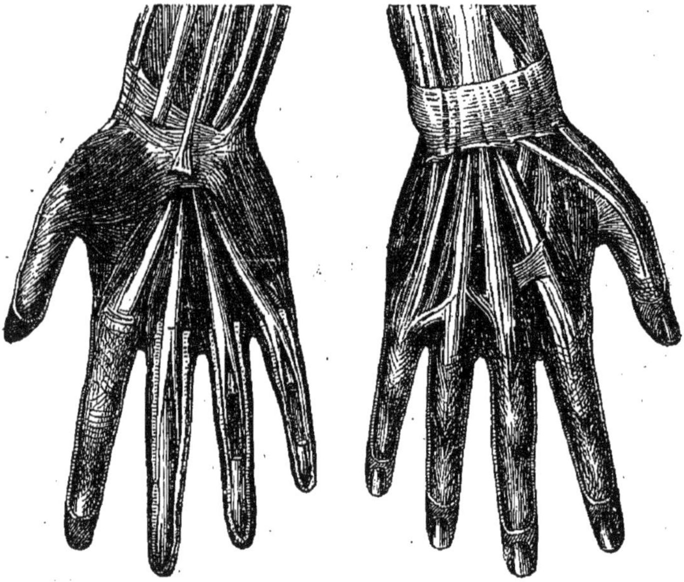

Fig. 108. — Mains.

taire; il est le premier à se développer; il est même peu d'animaux qui en soient privés : aussi peut-on le considérer comme une manifestation de la vie. Il réside principalement à la surface de la peau : des nerfs s'y ramifient sous la forme de *papilles;* ces papilles transmettent immédiatement les impressions au cerveau. Ce sont bien nos doigts qui palpent, mais c'est notre cerveau qui juge; le corps est-il dur, raboteux, doux ou piquant, l'impression s'en fait sentir sur-le-champ par la transmission nerveuse. Les papilles, qui jouent un rôle si important dans le toucher, s'étendent sous le derme, partie la plus épaisse, la plus résistante de la peau.

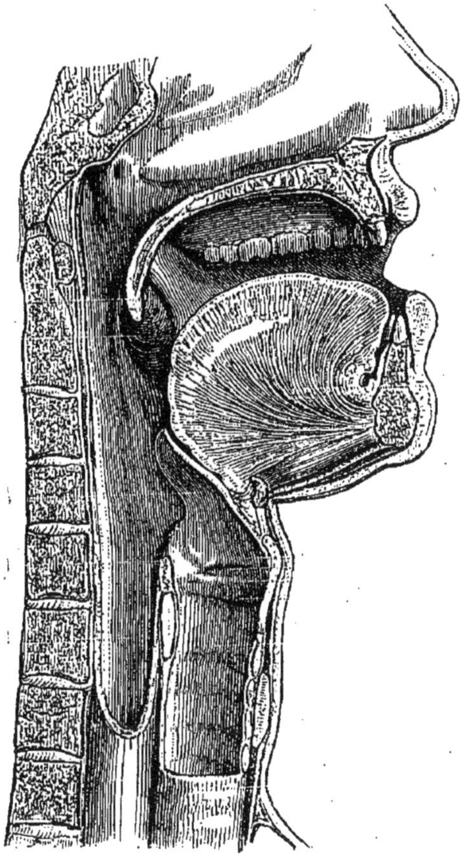

Fig. 109. — Coupe des fosses nasales, de la bouche, du pharynx, du larynx, de l'œsophage et de la trachée-artère.

Chez l'homme, le siége le plus délicat du toucher est à l'extrémité des doigts : qui ne sait les travaux vraiment prodigieux auxquels se livrent les aveugles, rien qu'en effleurant les objets? Grâce à l'impressionnabilité de leur tact, ils semblent en vérité voir du bout des doigts! Ainsi, des lettres à peine en saillie leur permettent de lire presque aussi couramment que nous.

Chez beaucoup d'animaux, cette impressionnabilité réside dans d'autres parties du corps : chez l'éléphant, le siége du toucher, c'est la trompe; chez les chauves-souris, ce sont les ailes; chez quelques ruminants, c'est la lèvre supérieure; chez les oiseaux, c'est le bec, etc.

Le *goût* fait comprendre la saveur des aliments. Il a son siége à la fois sur la langue, sur les lèvres, sur le palais et sur la gorge. Les nerfs impressionnés vont porter également le résultat de la sensation au cerveau; ces nerfs, conseillers prudents, paraissent nous dire: Ayez confiance, vous pouvez prendre ces mets ou ces boissons; ou : Soyez sur vos gardes, le danger est là!

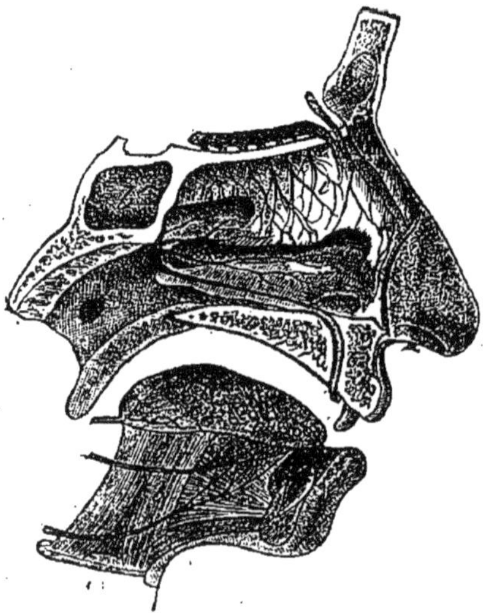

Fig. 110. — Fosses nasales.

L'*odorat* est un véritable *goût à distance*, suivant le mot heureux d'un physiologiste; en nous faisant, en effet, juger les qualités odorantes des corps, il nous prévient presque toujours sûrement des aliments bons ou mauvais; le goût et l'odorat semblent être deux associés. Le siége de l'odorat est dans les fosses nasales. Portées par l'air, les odeurs, parcelles impalpables des corps, viennent jusque dans les parois intérieures du nez; là, se ramifie le nerf olfactif, qui transmet les impressions au cerveau.

La *vue* a pour siége les yeux. Avec quelle merveilleuse habileté la Providence a su les garantir! Exposés directement, sans barrières protectrices, sans système de défense, à toutes les influences de l'extérieur, ils auraient perdu facilement de leur délicatesse. Non-seulement les paupières, frangées de cils, véritables cloisons mobiles, les protégent instinctivement, se refermant à la moindre approche d'un corps étranger ; mais il est d'autres remparts qui les défendent aussi : c'est, d'un côté, l'os frontal, qui, couvert de sourcils, surplombe l'œil ;

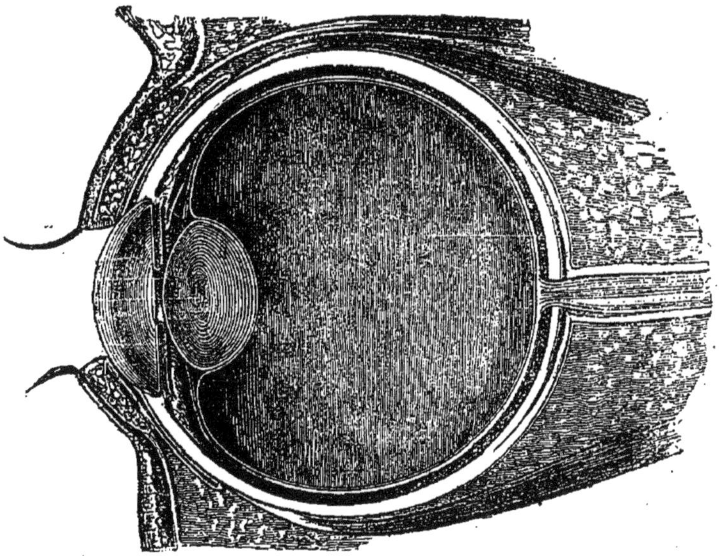

Fig. 111. — Œil (coupe intérieure).

de l'autre, la barrière du nez, et, sur un autre point, un os de la joue.

Maintenant, quels sont les principaux organes de l'œil même? D'abord, le globe, revêtu extérieurement d'une membrane dure d'un blanc nacré, nommé sclérotique (vulgairement blanc de l'œil); le globe oculaire est, dans sa partie extérieure, recouvert par la cornée transparente, sous laquelle se dessine l'iris, cloison arrondie, membraneuse et diversement nuancée, tantôt brunâtre, tantôt bleue, jaunâtre et même verte, suivant les individus. Dans son milieu, l'iris est percé d'un trou circulaire nommé pupille ou prunelle, organe qui apparaît comme un point noir et qui se dilate dans l'ombre et se contracte au soleil. Derrière cette ouverture, qui permettra aux rayons de pénétrer à l'intérieur du globe oculaire, se présente le cristallin, corps qui rappelle les verres vulgairement appelés lentilles et qui doit jouer un rôle de la plus haute importance dans la vision. Au fond de l'œil, se trouve la rétine, membrane molle, sorte d'épanouissement de nerfs délicats qui reçoivent, comme une sorte de miroir, l'empreinte des objets extérieurs. Le nerf optique transmet la perception au cerveau.

La marche de la vision est celle-ci : les rayons lumineux franchissent la cornée transparente, passent par la pupille, se réfractent, se brisent à travers le cristallin, et vont s'imprimer, comme on l'a vu plus haut, sur la rétine.

Il ne faut pas croire que les animaux soient tous doués d'organes visuels. L'homme, sans être un des plus privilégiés, jouit cependant d'une vue plus étendue que la grande majorité des êtres.

Vous avez sans doute remarqué qu'il est une foule de personnes qui ne peuvent voir les objets que de très-près ; d'autres qui, pour lire, écartent, par exemple, le livre de toute la longueur du bras. D'où viennent ces différences ? Principalement du cristallin plus ou moins bombé. On appelle *myopie* la tendance à ne voir les objets que de très-près ; *presbytie*, le défaut contraire.

La cornée et le cristallin trop bombés créent la myopie ; lorsque ces deux organes, soit affaiblis par suite des années, soit trop peu en saillie par vice de conformation, ne permettent pas aux rayons une marche normale, il y a *presbytie*.

L'homme est parvenu à remédier à ces deux fâcheuses tendances au moyen de lunettes à verres biconcaves pour les myopes, et à verres biconvexes pour les presbytes. Ces verres rétablissent l'équilibre de la vue.

Passons au sens de l'*ouïe*, qui a pour siége l'oreille. La partie externe de l'oreille est destinée à s'emparer, pour ainsi dire, des sons vibrants dans l'air ; sa forme même, qui lui a valu le nom de pavillon ou de conque auditive, est évasée et permet aux mille bruits qui se produisent autour de nous d'être saisis au passage. A peu près au milieu du pavillon, s'ouvre, comme une sorte de canal, le conduit auriculaire ou auditif, fermé à son extrémité par la peau très-tendue du tympan; là commence l'oreille moyenne, comprenant la caisse du tympan et ses dépendances. Cette petite caisse du tympan mérite un examen tout particulier; on y remarque une

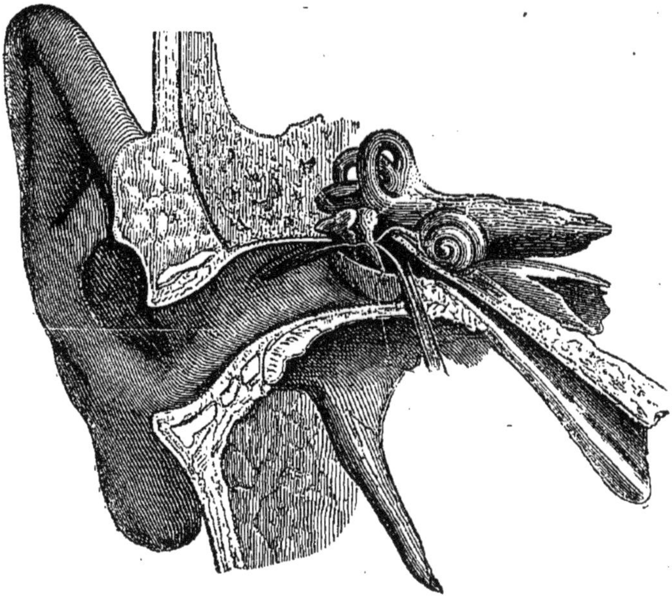

Fig. 112. — Oreille.

série de quatre osselets que les anatomistes ont appelés, d'après leur forme, le marteau, l'enclume, l'os lenticulaire, l'étrier; deux ouvertures, appelées fenêtre ovale et fenêtre ronde, se trouvent également dans cette caisse du tympan, dont nous allons bientôt voir le merveilleux mécanisme. A la partie opposée, l'oreille interne, plus profondément logée dans le crâne et entourée d'os résistants, est destinée à recevoir en dernier lieu les ondes sonores. Après la caisse du tympan, naît une sorte de couloir nommée vestibule, continué lui-même par un organe recourbé appelé limaçon; à côté, s'étendent les canaux semi-circulaires, composant avec le limaçon un ensemble qui a reçu le nom de labyrinthe. A l'extrémité de l'organe de l'ouïe, le nerf acoustique transmet les impressions au cerveau, ce centre commun de toutes les sensations.

Revenons maintenant à la marche même du son. Permettez-moi, à ce sujet, une comparaison : Si vous venez à jeter une pierre dans une pièce d'eau parfaitement unie, vous remarquerez qu'à l'endroit même où le projectile a été lancé, il se forme un cercle, puis autour de ce premier cercle un autre, et ainsi de suite jusqu'à ce que ces orbes, toujours grandissants, viennent mourir sur le rivage. Rien ne donne mieux une idée des ondes sonores vibrant dans l'air et arrivant jusqu'à nous par couches successives qui s'étendent toujours par ondulation, en perdant chaque fois de leur intensité, tout en gagnant en amplitude.

Le son qui pénètre dans l'oreille par le canal auditif impressionne la membrane du tympan et se propage immédiatement à travers la caisse du tympan. Les ondes sonores se transmettent par la chaîne des osselets, qui, au moindre bruit, oscillent. Le son enfin se répercute dans le vestibule et le limaçon, où s'agite une pulpe gélatineuse.

Puisque le son ne se propage que par ondulations, il est aisé de comprendre que son agent indispensable est l'air. Aussi subit-il l'influence directe de toutes les variations atmosphériques ; on peut dire parfois avec raison que le son est emporté par le vent ou arrêté dans sa marche normale par un vent contraire. Il est certain aussi que l'air chaud le transmet moins rapidement que l'air froid ; les molécules de l'air chaud se trouvant en effet écartées, le calorique raréfiant l'air, les ondulations sonores ne sont plus aussi pressées et perdent de leur intensité. Il est avéré que les salles d'une température élevée sont mauvaises pour l'acoustique. Dans le vide, le son cesse tout à fait de se propager ; à l'air libre, sa vitesse est de 340 mètres par seconde ; dans l'eau, elle atteint 1600 mètres par seconde.

Comme le son s'affaiblit en raison directe de l'étendue de

la surface d'ébranlement, si la masse d'air dans laquelle il se propage affecte, par exemple, la forme d'un cylindre creux, il conservera à peu près toute sa force. Ainsi, il n'est pas dou-

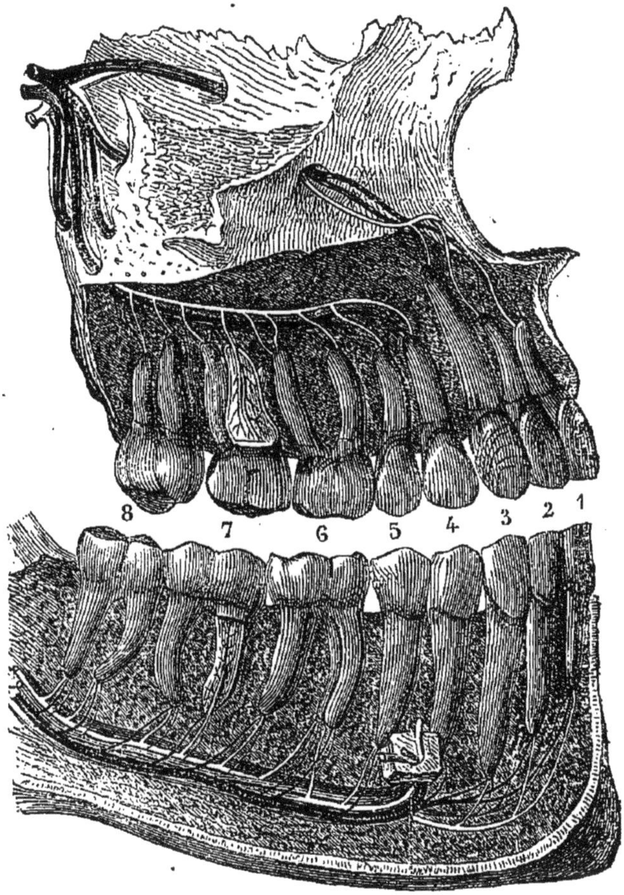

Fig. 113. — Dents.

teux qu'un coup de pistolet tiré à l'ouverture d'un tube qui aurait dix lieues de longueur s'entendrait parfaitement à l'autre extrémité. C'est, au reste, sur cette théorie que sont basés les cornets acoustiques, journellement employés dans l'industrie.

Voilà comment les animaux se mettent en rapport avec les objets extérieurs. Si maintenant nous examinons ce qui se passe en eux-mêmes, que de nouveaux sujets d'admiration et d'intérêt !

Sous le nom de *nutrition*, on comprend l'ensemble des fonctions qui entretiennent les forces de l'être et qui, en résumé, constituent la vie : ces fonctions simultanées sont la *digestion*, la *respiration*, la *circulation du sang*.

Parlons d'abord de la digestion. Chez l'homme, par exemple, les aliments sont portés aux lèvres par les mains. Les *dents*, au nombre de trente-deux, chiffre normal, ont pour but de les soumettre à la mastication, afin de les livrer sous une forme moins dure à l'estomac. Les dents se divisent en trois espèces distinctes : les premières, coupantes, tranchantes, appelées incisives, sont au nombre de huit (quatre à la mâchoire supérieure, quatre à la mâchoire inférieure) ; elles attendent principalement les substances végétales, le pain, les fruits, pour les couper, les fractionner ; de chaque côté, à droite et à gauche, il y a les dents canines (très-développées chez les chiens, de là leur nom), qui, au nombre de quatre, ont surtout pour fonction de déchirer la viande ; enfin, vingt dents molaires, à couronne aplatie, rappelant assez des meules, broient les aliments, qui, humectés par la salive, sont portés à l'arrière-bouche par le mouvement combiné de la langue et des mâchoires. Ils passent alors sous la forme de *bol alimentaire* dans le pharynx et pénètrent dans *l'œsophage*, espèce de cylindre un peu aplati, terminé enfin par l'*estomac*, grand réservoir assez semblable à une grande poche ; c'est là que les aliments vont subir leur plus importante préparation.

Grâce aux contractions des parois de l'estomac et au suc gastrique qui les tapisse, les aliments sont réduits en une pâte appelée *chyme ;* — après cette opération, les substances alimentaires, avant de pénétrer dans les intestins, passent par le *pylore*, sorte de rétrécissement de l'estomac ; le pylore, (d'un mot grec qui signifie porte) ne semble donner l'accès aux aliments que lorsqu'ils sont convenablement broyés. A partir de là, se déroulent les intestins; dans leur commencement, appelé *duodénum*, se rendent la *bile* et le *suc pancréatique*, destinés à venir en aide à la formation du *chyle*, de ce chyle, précieux résultat réclamé par la digestion et qui, bientôt absorbé, transformé, deviendra le sang. Le chyle est pompé à la

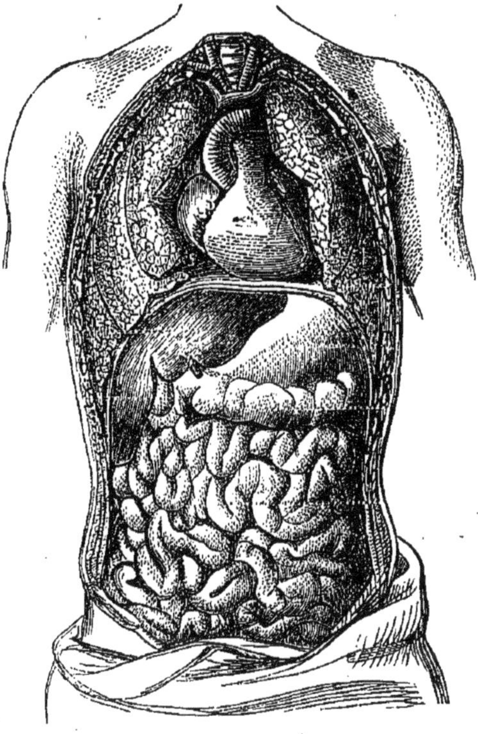

Fig. 114. — Cavité abdominale.

surface des intestins par de nombreux *vaisseaux* appelés *chylifères*.

La respiration est la fonction par laquelle le fluide nourricier est mis en contact avec l'air, qui le révivifie par son action. Elle s'opère, dans les animaux les plus simples, par toutes les parties de leur enveloppe; mais, dans les espèces supérieures, animées par le sang, un organe spécial lui est consacré, et l'air, c'est-à-dire la vie du dehors, lui vient sans cesse, à toutes les minutes, à toutes les secondes, y apporter son souffle réparateur.

Ainsi, chez l'homme, l'air est introduit, par les narines et la bouche, dans le *larynx*, continué par la *trachée-artère;* celle-ci se partage en deux espèces de couloirs, nommées *bronches*,

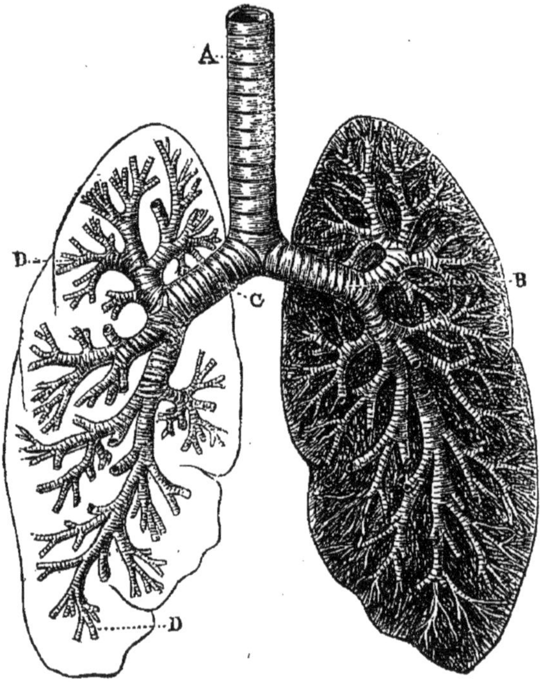

Fig. 115. — Coupe montrant la ramification des bronches dans les poumons.

qui se ramifient en de nombreux canaux destinés à porter l'air dans les innombrables vésicules des deux *poumons*.

L'air est tour à tour aspiré et renvoyé au dehors par la dilatation et le resserrement de la poitrine; ces deux mouvements, assez semblables à ceux d'un soufflet ou d'une pompe, ont reçu les noms d'*inspiration* et d'*expiration*.

Mais quel est le but de la respiration? C'est de vivifier le sang, de lui donner de la force, de la chaleur. L'air, qui contient de l'azote, de l'oxygène et de l'acide carbonique, en pénétrant dans les poumons, change la nature du sang, et, de noir qu'il était, le colore en rouge. Quel est donc le gaz qui agit ainsi sur le sang? C'est le gaz oxygène.

Ainsi, à chaque aspiration, l'oxygène contenu dans l'air vient échauffer et colorer le sang; à chaque expiration, du gaz carbonique est chassé au dehors. C'est à ce seul prix que l'équilibre peut être maintenu.

Revenons maintenant à quelques parties de ce mécanisme. Le larynx est modifié de telle sorte, que l'air, expiré avec force, ne passe qu'en produisant un son, d'abord inarticulé, mais qui peut devenir distinct complétement par l'action de la bouche. On sait que l'homme prononce toutes les voyelles par une simple expiration, et que dans les consonnes il y a toujours le résultat de la combinaison d'une voyelle et d'un autre son (*consonne*, sonne avec); ce son additionnel est invariablement produit par l'action de la langue, des dents, des lèvres, du palais ou du gosier. De là les noms bien connus de lettres dentales, labiales, palatales et gutturales. C'est donc à l'air chassé de la poitrine et aux contractions du larynx que l'on doit le chant et les cris si divers de la plupart des animaux, qui sont autant de voix proclamant la grandeur de la nature; l'homme enfin est non-seulement le maître de la Terre par son génie, mais aussi par sa parole, qui est la manifestation la plus éclatante de sa supériorité.

Qu'est-ce maintenant que la circulation du sang? Chez les animaux de la structure la plus simple, le chyle, absorbé par les parois des intestins, se répand dans toutes les parties du corps pour les nourrir immédiatement; — mais dans les animaux de classes plus élevées il y a une opération intermédiaire entre l'absorption et la nutrition : un fluide différent du chyle, mais renouvelé par lui, est chargé d'entretenir la vie : c'est le sang, qui, dans des vaisseaux nombreux et délicats nommés *artères* et *veines*, circule dans tout l'organisme; les artères contiennent du sang rouge propre à donner la vie et qui signale son passage par des battements; les veines portent un sang noir.

Le centre de la circulation du sang est le *cœur*, réunion

d'organes musculaires creux et contractiles. Les artères conduisent le sang du cœur dans les différentes parties du corps ; — les veines rapportent au cœur le sang qu'elles ont reçu aux extrémités artérielles. Ainsi, les artères partent du cœur,

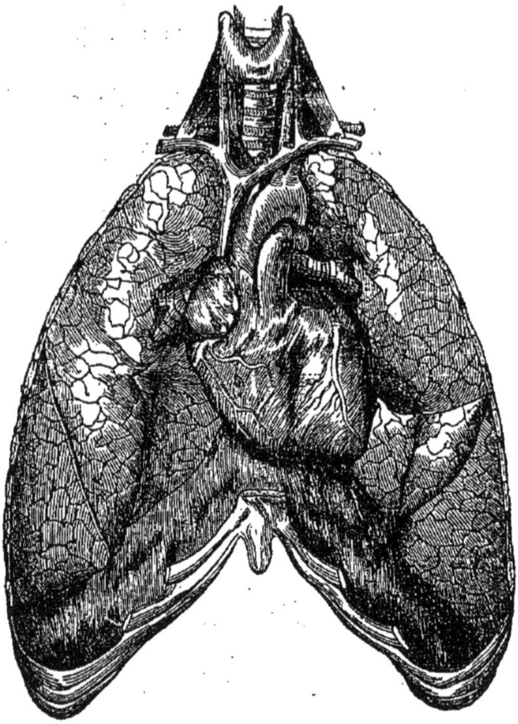

Fig. 116. — Cœur et poumons.

les veines y arrivent. L'artère principale est l'artère aorte, d'où se ramifie tout le système artériel.

Voilà le rapide résumé de ces fonctions, qui, bien équilibrées, constituent la santé. Ainsi, les aliments se transforment en chyle ; le chyle concourt à former le sang ; le sang, grâce au contact de l'air, se réchauffe, et, animé du principe vital, se répand dans l'organisme. Sa course terminée, il revient au point de départ, au cœur, et redemande à l'oxygène de l'air ce que l'on peut appeler une nouvelle épuration.

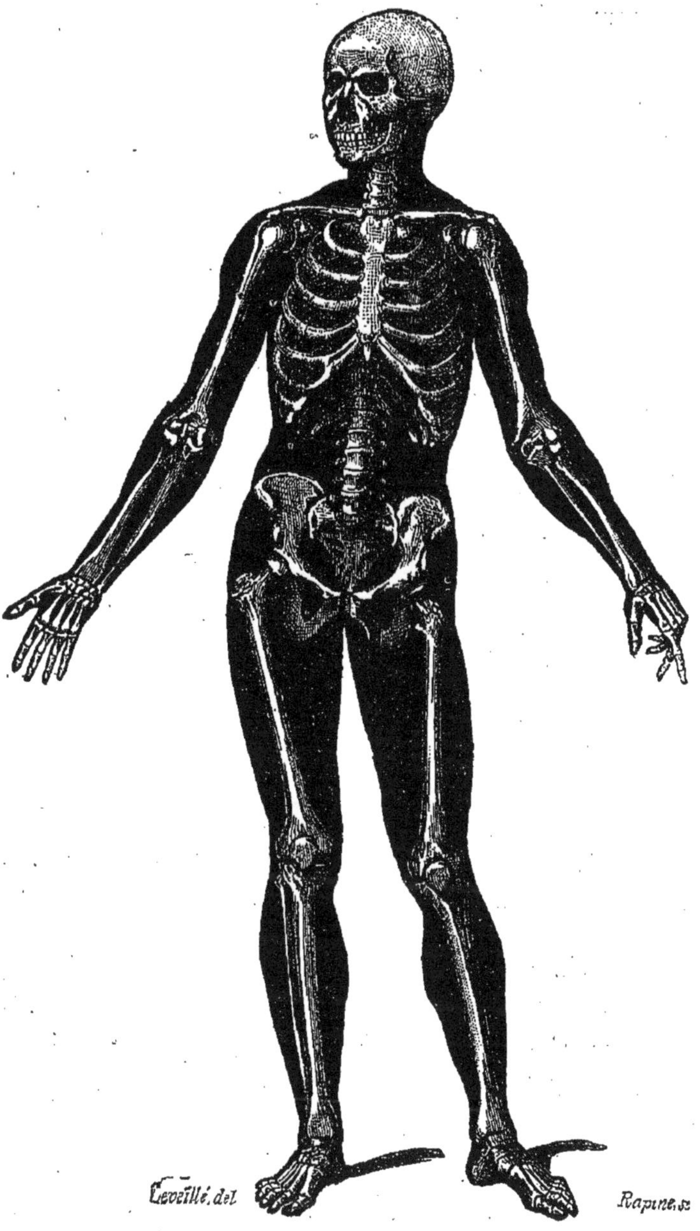

Fig, 117. — Squelette.

Les organes où toutes ces fonctions s'opèrent sont attachés à une charpente forte et solide, formée par des os. Ces os composent d'abord une sorte de colonne qui est comme la pièce principale de l'édifice : c'est la *colonne vertébrale*, de laquelle partent, à droite et à gauche, les os des côtes et ceux des membres. A ces os sont attachés des faisceaux de

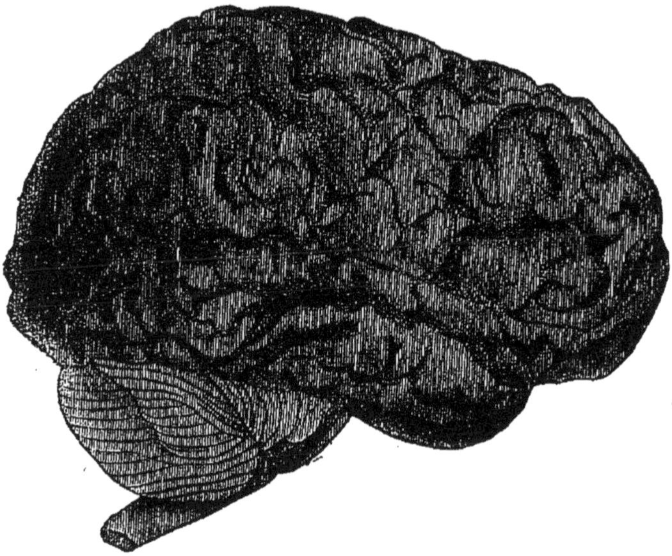

Fig. 118. — Cerveau.

fibres appelés *muscles*, qui, semblables à de puissants cordages, soulèvent toutes ces parties de la charpente.

Voyons maintenant quelle est la partie du corps qui commande les mouvements, qui détermine et qui règle l'action des organes. Ce chef est le *cerveau*, masse de moelle comprise dans une boîte solide nommée *crâne*, qui se trouve à l'extrémité de la colonne vertébrale. Des *nerfs* qui partent de là vont en se ramifiant jusque dans les parties les plus éloignées du corps de l'animal : ils leur transmettent les ordres de ce centre de l'*intelligence*, et, d'un autre côté, ils avertissent celui-ci des sensations qu'elles éprouvent.

Mais quelle est la cause de cette propriété admirable du cerveau? d'où lui vient cette intelligence? Ici surtout se montre la grandeur de Dieu, qui a animé d'un souffle divin la matière, et lui a donné la puissance de percevoir des images, de concevoir des idées, d'avoir de la mémoire, de la réflexion, du raisonnement.

L'intelligence, du reste, est loin d'être la même chez tous les animaux; elle est très-faible assurément dans beaucoup d'espèces; mais toutes du moins possèdent l'*instinct*, penchant irréfléchi qui fait agir l'être soudainement, irrésistiblement, et le force, en quelque sorte, à éviter le danger, à prendre ce qui lui est favorable. Or cette faculté, par une sage compensation de la nature, paraît être en raison inverse de l'intelligence: car les animaux les moins doués de celle-ci, c'est-à-dire les plus petits, les plus faibles, les plus simplement organisés, sont précisément ceux qui présentent les merveilles les plus étonnantes de l'instinct.

DISTRIBUTION GÉOGRAPHIQUE DES ANIMAUX

Pour le règne animal, comme pour les végétaux, la vie se manifeste avec plus d'abondance et de vigueur dans la zone équinoxiale que dans les autres; c'est là qu'on trouve les plus grands et les plus forts quadrupèdes, comme l'éléphant, le rhinocéros, l'hippopotame, le lion, le tigre, la girafe; c'est là qu'habitent les plus gros et les plus redoutables reptiles, tels que le serpent boa, le crocodile. Cette zone est la patrie de toutes les variétés si curieuses de singes. D'innombrables oiseaux, ornés du plus brillant plumage, y peuplent les forêts; d'autres, comme l'autruche et le casoar, s'y font remarquer par leur taille énorme. Une multitude infinie d'insectes y brillent des plus vives couleurs. Les habitants mêmes de la mer y sont revêtus d'écailles plus éclatantes, et y pullulent en plus grand nombre.

Nos régions tempérées n'ont pas une faune[1] aussi variée. L'ours et le loup sont presque les seuls grands animaux de proie de nos forêts ; mais nous possédons des animaux bien utiles : le chien, fidèle compagnon de l'homme ; le cheval, le bœuf, ses dociles serviteurs ; le mouton, qui lui procure ses vêtements ; le porc, aux formes ignobles, mais dont la chair est un de nos principaux aliments. Nous avons aussi des oiseaux au joli plumage, mais surtout au ramage agréable.

A mesure qu'on s'approche des pôles, on voit la vie diminuer sur la Terre ; mais, dans ces régions froides, la nature a eu la prévoyance de garantir les animaux par d'épaisses et chaudes fourrures : on y trouve ces zibelines, ces hermines, ces renards bleus et blancs, ces castors, qui fournissent des pelleteries d'un si grand prix. Les régions polaires sont aussi la patrie de l'utile renne, qui remplace chez les Lapons tous les animaux domestiques. Enfin le féroce ours blanc ne se plaît qu'au milieu des solitudes glacées du Nord. Quant à la mer, elle y est moins froide que le sol, et conserve encore dans ces lieux un caractère animé : des troupes immenses de harengs y cherchent une retraite pendant l'hiver, et c'est là surtout que se rencontrent les énormes baleines.

Il y a beaucoup d'animaux (principalement parmi les oiseaux et les poissons) qui changent de demeure et vont du nord au midi ou du midi au nord, suivant les époques de l'année : ainsi, nous voyons les cailles, les hirondelles, le rossignol, la fauvette, le loriot, disparaître de notre belle France aux approches de l'hiver, pour aller chercher des climats plus méridionaux ; mais bientôt nous arrivent des troupes de bécasses, de grues, de cigognes, de sarcelles, d'oies et de canards sauvages, qui échappent aux froids des régions boréales. Au printemps, les aimables hôtes de nos bois viennent retrouver les demeures qu'ils avaient abandonnées, et les tristes oiseaux de l'hiver s'enfuient vers le nord. « Il y a un échange continuel d'habitation entre ces phalanges aériennes ;

[1] On appelle *faune* l'ensemble des animaux indigènes d'un pays.

et la marche du soleil tantôt les amène vers l'équateur, tantôt les repousse vers les pôles[1]. »

CLASSIFICATION DES ANIMAUX

Nous allons passer en revue les principales espèces d'animaux.

Voyons quelle classification nous pourrons employer.

Nous avons déjà remarqué qu'il y a des animaux presque semblables à des plantes, et qui sont sans yeux, sans tête, ou qui du moins ne paraissent pas en avoir; ils forment une grande division sous le nom de *zoophytes*, c'est-à-dire *animaux-plantes*.

Au-dessus de cette division, on en voit une autre composée d'animaux déjà plus parfaits, mais fort petits encore, et qui n'ont pas cette charpente osseuse dont nous avons parlé: tout leur corps est recouvert d'une suite d'anneaux liés par des jointures ou *articulations*, et qui se meuvent au moyen de muscles placés dans l'intérieur : cette division comprend ce qu'on appelle les *animaux articulés :* on y trouve, par exemple, les mouches et les autres insectes.

Viennent ensuite les *mollusques*, qui sont ainsi nommés de ce que leur corps est composé d'une matière flasque et *molle;* mais cette matière est souvent protégée par une coquille très-solide. Les huîtres, les escargots, sont des mollusques.

Enfin, au-dessus de toutes les autres divisions, se présente celle des *animaux vertébrés*, c'est-à-dire des animaux qui ont une colonne *vertébrale*. Là se trouvent les poissons, les reptiles, les oiseaux et les mammifères. Ces derniers sont les plus compliqués; ils paraissent les plus parfaits de tous par leur organisation, et ils comprennent l'homme lui-même.

Ainsi, le règne animal est distribué en quatre parties : les

[1] Walckenaer, *Cosmologie*.

zoophytes, les *animaux articulés*, les *mollusques* et les *animaux vertébrés ;* nous les nommons en commençant par les plus simples, les plus rudimentaires, et en finissant par les plus compliqués, les plus complets ; chacune de ces grandes divisions se partage elle-même en plusieurs classes : les oiseaux, par exemple, sont une classe des animaux vertébrés ; les insectes sont une classe des animaux articulés.

Le tableau suivant, très-abrégé, donnera une idée claire de la gradation des animaux :

EMBRANCHEMENTS.	CLASSES.	DIVISIONS ET EXEMPLES.
ZOOPHYTES (ou animaux-plantes).	Infusoires . . .	Monades, protées, etc.
	Polypes.	Éponge, corail, etc.
	Acalèphes ou orties de mer. .	Anémone de mer, etc.
	Vers intestinaux.	Ver solitaire, etc.
	Échinodermes ou (peau épineuse).	Astérie ou étoile de mer, etc.
ARTICULÉS (ou animaux à articulations).	Insectes (du latin *insectus*, divisé, coupé). . .	Aptères (sans ailes) : Puce, etc. Diptères (deux ailes) : Mouche, cousin, taon, etc. Lépidoptères (ailes à écailles) : Papillons. Hémiptères (demi-ailes) : Cigales, cochenilles, etc. Hyménoptères (ailes membraneuses) : Fourmis, abeilles, etc. Névroptères (ailes à nervures) : Éphémères, libellules, etc, Orthoptères (ailes droites) : Sauterelles, mantes, etc. Coléoptères (ailes en étui) : Hannetons, lampyres, etc.
	Myriapodes (ou millepieds). .	Scolopendres, etc.
	Arachnides (du grec *arachné*, araignée). . .	Araignées, scorpions, acarus, etc.

EMBRANCHEMENTS.	CLASSES.	DIVISIONS ET EXEMPLES.
ARTICULÉS (*Suite.*)	Crustacés (animaux revêtus d'une *croûte*).	Écrevisses, homards, crabes, etc.
	Annélides (vers à anneaux)...	Vers de terre, sangsues, etc.
MOLLUSQUES (animaux mous).	Acéphales (animaux sans tête).	Huîtres, moules, etc.
	Gastéropodes (c.-à-d. ventre-pied).....	Escargots, pourpres, porcelaines, etc.
	Céphalopodes (c.-à-d. tête-pied).	Poulpes, seiches, etc.
VERTÉBRÉS (animaux qui ont une colonne vertébrale).	Poissons....	Poissons osseux : Saumons, harengs, carpes, anguilles, turbots, etc. Poissons cartilagineux : Squales, raies, esturgeons, etc.
	Reptiles....	Batraciens : Grenouilles, crapauds, etc. Serpents ou ophidiens : Vipères, crotales, couleuvres, boas, etc. Lézards ou sauriens : Crocodiles, caméléons, etc. Tortues ou chéloniens.
	Oiseaux....	Palmipèdes (pieds palmés) : Mouettes, oies, canards, etc. Échassiers : Hérons, cigognes, flammants, etc. Brévipennes (ailes courtes) : Autruches, casoars, etc. Gallinacés : Poules, dindons, faisans, etc. Grimpeurs : Piverts, Coucous, Perroquets, etc. Passereaux : Merles, rossignols, hirondelles, alouettes, geais, pies, moineaux, colibris, etc. Oiseaux de proie : Vautours, faucons, hiboux, etc.
	Mammifères...	Cétacés : Baleines, cachalots, etc.

EMBRANCHEMENTS.	CLASSES.	DIVISIONS ET EXEMPLES.
VERTÉBRÉS (*Suite.*)	Mammifères. . . (*Suite.*)	Ruminants : Chameaux, cerfs, chèvres, moutons, bœufs, etc. Pachydermes (cuir épais) : Eléphants, hippopotames, sangliers, tapirs, chevaux, etc. Édentés (sans dents) : Tatous, fourmiliers, etc. Rongeurs : Castors, marmottes, écureuils, rats, souris, lièvres, etc. Didelphes : Kangurous, sarigues, etc. Carnassiers : Phoques, chiens, loups, hyènes, chats, lions, tigres, chauves-souris, etc. Quadrumanes (quatre mains) : Singes. Bimanes (deux mains) : Homme.

ZOOPHYTES

La nombreuse classe des **Infusoires** commence l'échelle du règne animal : ces êtres sont généralement si petits qu'on ne peut les distinguer qu'avec un microscope, et ils tirent leur nom de ce qu'ils se rencontrent principalement dans les liquides qui ont tenu des matières animales ou végétales en *infusion*. Les eaux corrompues, le vinaigre, la colle, en contiennent beaucoup ; une seule goutte d'eau nous en offre des milliers, ayant, chacun, des organes compliqués, et jouissant d'une activité remarquable.

La science les a rangés sous la dénomination de *microzoaires*.

On ne saurait trop admirer la patience et le zèle des naturalistes qui ont examiné minutieusement et décrit avec détail toutes les parties de ces animalcules : un savant allemand est parvenu à compter un grand nombre d'estomacs dans un infusoire.

Ces animaux ont des formes extrêmement variées ; les uns, qu'on nomme *monades*, c'est-à-dire *unités*, à cause de leur extrême petitesse, sont de simples points qui se meuvent avec beaucoup de vitesse et dans tous les sens ; d'autres ressemblent à des vers ou à des anguilles ; il en est qui produisent l'effet de la roue d'un bateau à vapeur, quand ils sont en mouvement. Ceux qu'on appelle *protées* ont reçu ce nom parce qu'ils modifient sans cesse leur forme de la manière la plus curieuse. Il y en a enfin qui paraissent munis de longs bras pour aller saisir au loin leur nourriture.

Nous avalons, sans nous en douter, des milliers de ces animalcules, et un grand nombre vivent probablement dans notre corps.

La classe des **Polypes** comprend des animaux gélatineux, dont le corps est ordinairement en forme de bourse ; l'ouverture de cette bourse est entourée de petits bras propres à tâter les objets environnants. Cette sorte de bras a d'abord été considérée comme des pieds, et voilà d'où est venu le nom de polypes, qui signifie *beaucoup de pieds*.

Ces animaux, qui ne vivent que dans l'eau, se réunissent ordinairement en grand nombre, et sont revêtus et soutenus par des parties solides, analogues aux pierres calcaires. Un amas de polypes ainsi agglomérés s'appelle polypier ; il présente souvent l'apparence d'un petit arbre : aussi a-t-on pris quelquefois les polypiers pour des plantes marines.

Le *corail* est un des plus gracieux ; il est d'un beau rouge, et ressemble à un arbuste privé de feuilles : on le trouve surtout dans la Méditerranée et la mer Rouge. Le corail des côtes de France et d'Italie passe pour le plus beau : celui des côtes de Barbarie a plus de grosseur, mais il est d'une couleur moins éclatante. Réduite en poudre impalpable, cette matière est en usage comme dentifrice ; façonnée et taillée sous diverses formes, c'est un ornement que la mode avait autrefois adopté en France, mais qui n'est plus aujourd'hui recherché que des Orientaux.

Les *millépores*, les *madrépores*, les *tubipores*, sont des polypiers dont la surface est parsemée d'innombrables pores.

Fig. 119. — Corail.

Ils sont très-communs surtout dans les mers de l'Océanie, et là, en s'amoncelant les uns sur les autres en nombre prodigieux, ils composent des bancs et des récifs redoutables ; ils forment même à la longue des îles entières, sur lesquelles les eaux de l'Océan poussent des matières terreuses : des végétaux y croissent, et des hommes viennent y établir leurs demeures.

Les *éponges* sont encore un polype, et c'est sans doute le plus utile de tous. Elles se trouvent adhérentes aux rochers sous la surface de l'eau. On les pêche surtout dans la partie orientale de la Méditerranée. C'est un des principaux objets de commerce des habitants de l'Archipel, qui, dès leur jeune âge, s'essayent à plonger à de grandes profondeurs pour aller chercher ces animaux.

Une chose fort curieuse, c'est qu'il est possible de greffer l'un sur l'autre deux polypes ou deux moitiés de polypes. Lorsqu'on en coupe un en plusieurs morceaux, chaque partie peut vivre séparément et devenir un animal complet.

A côté des polypes, se trouve la classe des **Acalèphes** ou

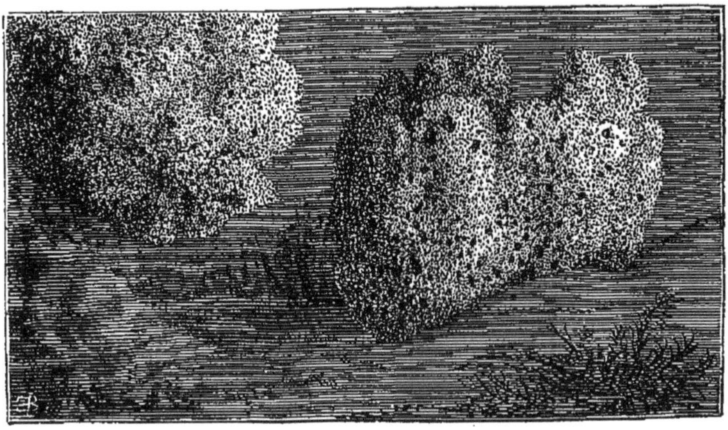

Fig. 120. — Éponge.

des **Orties de mer**. Ces animaux brillent de couleurs variées; mais plusieurs, quand on les touche, ont la propriété de causer une sensation vive et brûlante, comme celle des orties. Parmi les espèces les plus singulières sont les *anémones de mer*, dont la bouche est garnie de plusieurs rangées de petits bras qui s'épanouissent comme les pétales d'une fleur : on les voit, par un temps serein, s'étaler gracieusement sur les rochers ou sur le sable ; mais, si les eaux sont agitées, les bras sont aussitôt retirés dans l'intérieur du corps, et la fleur disparaît.

Une classe bien importune et bien redoutable est celle des **Vers intestinaux** ou **Entozoaires**, qui ont fixé leur séjour dans les intestins et dans presque toutes les diverses parties du corps des autres animaux ; ils y occasionnent souvent les dérangements les plus funestes. Un des plus étonnants est le *botryocéphale*, aplati comme un ruban, et long quelquefois de cent mètres ; il est commun chez les habitants du nord

Fig. 121. — Étoile de mer.

de l'Europe. Le *ver solitaire* ou *ténia* attaque les peuples du midi ; il est aussi très-plat, et d'une grande longueur.

Revenons aux zoophytes de la mer : nous y trouverons encore une classe, celle des **Échinodermes :** ce nom signifie *peau épineuse*, et il a été donné à ces animaux parce que beaucoup d'entre eux ont, autour du corps, de nombreuses épines. Nommons seulement, dans cette classe, les *astéries* ou *étoiles de mer*, élégamment découpées en plusieurs rayons, au centre desquels est une ouverture désignée sous le nom de bouche.

ANIMAUX ARTICULÉS

La première classe qui se présente dans les animaux articulés est celle des **Insectes**, pour laquelle a été formée toute une science distincte sous le nom d'*entomologie*. Elle est la plus nombreuse de toutes les classes animales, et sans doute la plus intéressante par la richesse des couleurs et les merveilles de l'instinct. Mais ce qui étonne surtout, ce sont les métamorphoses admirables que subissent ceux de ces petits animaux qui sont pourvus d'ailes. En sortant de l'œuf, ils se montrent d'abord à l'état de larve ; c'est ce qu'on appelle, dans beaucoup d'espèces, un ver, et, dans d'autres, une chenille ; ensuite on les voit s'emmaillotter dans un tégument, dans une sorte d'abri formé de filaments qu'ils tirent de leur propre corps, ou de matériaux étrangers qu'ils réunissent : ce sont alors des nymphes ou chrysalides. Après quelque temps, la nymphe se fend, et il en sort un insecte ailé qui s'élance gaiement dans les airs.

Les insectes ont six pattes, attachées au thorax. La division de leur corps leur a fait donner le nom d'insectes, c'est-à-dire formés par *sections;* ils ont, en effet, une tête, un thorax, un abdomen bien nettement séparés, et, de plus, leurs pattes et leur abdomen sont coupés en petites divisions distinctes. La tête est armée de mandibules souvent très-fortes et d'antennes, sorte de fils délicats qui leur servent d'organe de tact. Des yeux très-perçants, généralement placés sur les côtés de la tête, sont, en réalité, formés par l'agglomération d'une multitude de petits yeux, constituant chacun le centre d'un organe visuel. Chez le hanneton, par exemple, on a compté jusqu'à huit mille de ces yeux à facettes ou à réseaux, et, chez quelques autres insectes, jusqu'à vingt-cinq mille.

Les ailes des insectes sont soudées au thorax ; elles sont lamelleuses, membraneuses et souvent très-résistantes, comme chez les coléoptères.

Malgré leur jolie physionomie, les insectes sont des hôtes très-incommodes et très-nuisibles : munis de lancettes redoutables, une foule d'entre eux attaquent les hommes et les animaux, les tourmentent avec une persévérance acharnée, et rendent furieux, par la force de la douleur, les plus puissants quadrupèdes. D'autres détruisent nos végétaux utiles ou dévorent nos étoffes ; quelques-uns rongent toutes les substances qu'ils rencontrent ; plusieurs vivent en parasites sur nous-mêmes, si la propreté ne vient nous prêter son secours. Mais il faut aussi reconnaître les services que nous rendent beaucoup de ces petits animaux ; et d'abord remarquons que la plupart ont reçu de la nature l'important emploi de faire disparaître de dessus la terre les matières corrompues, qui, en s'accumulant, finiraient par l'infecter ; qu'en outre ils servent de pâture à une grande quantité d'oiseaux, de poissons, de reptiles, qui eux-mêmes, à leur tour, entrent dans notre nourriture. Voyez ensuite le fil précieux que nous fournit le ver à soie ; le miel et la cire que nous donne l'abeille ; les produits avantageux qu'offrent à la peinture et à la teinture la cochenille, le kermès et quelques autres.

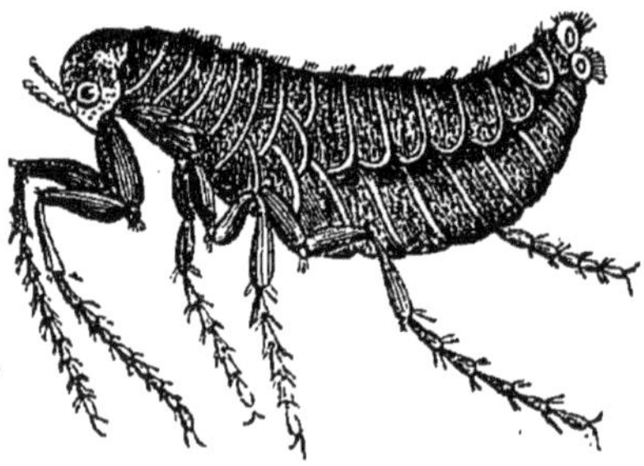

Fig. 122. — Puce.

On distingue les insectes qui sont *sans ailes*, ceux qui ont *deux ailes*, et ceux qui ont *quatre ailes*.

Les insectes sans ailes, ou APTÈRES, sont les plus méprisables ; compagnons de la malpropreté, ils ne sont qu'importuns et d'un aspect désagréable : on y remarque particulièrement le *pou* et la *puce*.

Les insectes à deux ailes, ou DIPTÈRES, abondent aussi en espèces incommodes : les *mouches* et les *cousins* en font partie. La larve du cousin vit dans l'eau et de préférence dans

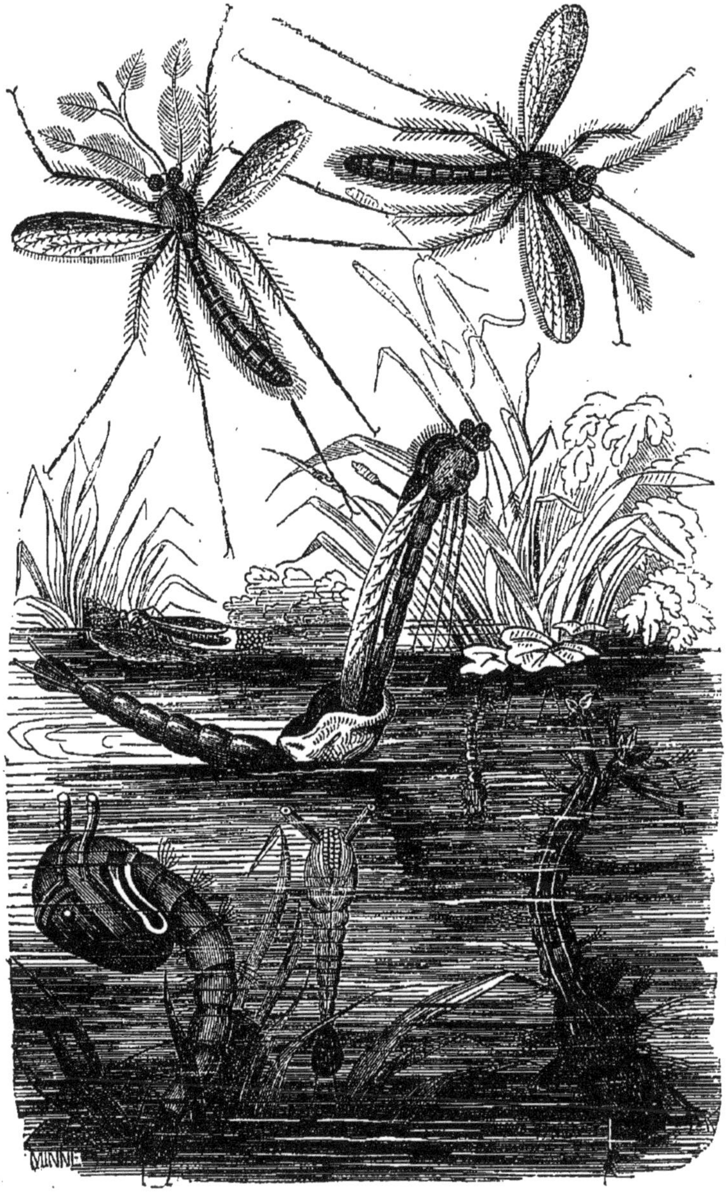

Fig. 122. — Cousins.

les mares; elle est longue, aplatie, renflée au milieu, pointue aux deux extrémités ; une sorte d'aigrette de poils couronne l'une des pointes. On la voit s'agiter et avancer assez rapidement. A l'époque de la métamorphose, l'insecte vient à la surface de l'eau, sèche au soleil son enveloppe, espèce de chrysalide qui tout à coup se crève et vogue comme dans une sorte d'esquif; le cousin étend alors ses ailes, les réchauffe, et, changeant définitivement de mœurs et d'élément, s'envole. C'est alors que ces animaux deviennent nos ennemis ; ils nous poursuivent avec acharnement pour se nourrir de notre sang ; leur piqûre est très-douloureuse, surtout par l'effet d'une liqueur vénéneuse qu'ils introduisent dans la plaie faite par leur dard et leur trompe. Ils sont un supplice pour les hommes et les animaux dans les contrées équinoxiales, où on les connaît sous les noms de *maringouins* et de *moustiques;* là, ils paraissent en nombre infini, avant le lever et après le coucher du Soleil, et l'on ne peut s'en garantir qu'en se frottant de matières grasses, ou en s'environnant de fumée, ou en s'enveloppant entièrement d'étoffes ; il faut, pendant la nuit, entourer les lits de voiles de gaze appelés cousinières ou moustiquaires. Les contrées les plus boréales sont, comme les régions de l'équateur, exposées à ce fléau. Les malheureux Lapons, les Islandais et d'autres peuples du Nord doivent, pendant leur été, qui est très-court, mais très-chaud, s'enduire les mains et le visage de graisse, et vivre continuellement au milieu d'une épaisse fumée, pour se soustraire aux attaques de ces détestables animaux.

Les *taons*, les *œstres*, font, en Europe, le supplice des bœufs et des chevaux. Dans une grande partie de l'Afrique australe, la mouche *tsétsé* est si redoutable pour ces deux quadrupèdes, que, partout où elle existe, il est impossible d'en élever.

Parmi les insectes à quatre ailes se présentent d'abord les *papillons* ou LÉPIDOPTÈRES, qui sont parés de couleurs si brillantes, et que nous aimons tant à voir voltiger de fleur en fleur : ils sont innocents alors ; mais, à l'état de chenilles, ils causent d'incalculables dégâts : aussi des ordonnances très-sages forcent-elles les cultivateurs à écheniller. Il y a des papillons qui ne volent que le jour : on les appelle *diurnes*. Ils se reconnaissent à leurs antennes renflées au bout en forme de petites massues. — D'autres, qui ont des antennes en forme de fuseaux, volent le soir : on les nomme *crépusculaires* ou

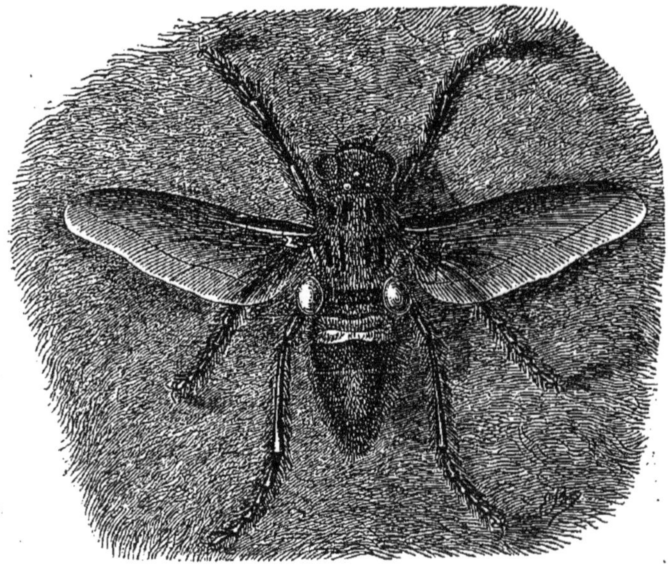

Fig. 124. — Taon.

sphinx. — Plusieurs enfin, qui ont les antennes en forme de plumes, ne se mettent en mouvement que la nuit : ce sont les *nocturnes* ou *phalènes*, famille où se trouvent les *bombyx*, qui contiennent à la fois les espèces les plus nuisibles à nos arbres fruitiers, et les espèces les plus avantageuses pour nous ; parmi ces dernières, est le *bombyx du mûrier*, le plus précieux des vers à soie ; en sortant de l'état de chenille, il s'enveloppe dans un cocon ovale, formé d'un fil blanc, verdâtre ou jaune, nommé soie. Cet insecte est originaire de l'Asie : les Romains nommaient *Sères* les peuples de chez qui ils tiraient la soie, et qui paraissent à peu près correspondre aux Chinois; ils payaient cette matière son poids d'or. Mais, sous Justinien, des moines qui avaient été envoyés dans l'Inde parvinrent à tromper la surveillance jalouse des nations orientales, observèrent la méthode d'élever les bombyx, et rapportèrent dans un bâton creux des œufs que l'on fit éclore à la chaleur du fumier. Dès lors la soie devint plus commune en Europe; les Arabes en répandirent la culture en Espagne et sur les côtes d'Afrique; de là elle pénétra en Sicile, dans le royaume de Naples; enfin, à l'époque des croisades, on commença à l'introduire en France. Aujourd'hui elle est l'objet d'une immense industrie dans nos départements du sud-est. On nomme *magnanerie* ou *magnanière* le local destiné à l'éducation des vers à soie; il faut qu'on puisse en tout temps y maintenir une chaleur de 16 à 25 degrés, et y donner beaucoup d'air : aussi ces bâtiments sont-ils ordinairement garnis de poêles et percés de fenêtres à toutes les expositions; ils se divisent communément en trois parties : une pièce principale, qui est l'atelier, et qui est environnée de tablettes nombreuses, où l'on pose les vers; une pièce plus petite, appelée infirmerie, où l'on met ceux qui sont malades; enfin une troisième, où l'on dépose les feuilles de mûrier propres à nourrir l'animal, et où l'on sèche celles qui sont trop humides. On donne à manger aux vers à soie plusieurs fois par jour, on ôte les anciennes feuilles, on nettoie leur petite demeure avec le plus grand soin. Après qu'on les a vus changer quatre fois de peau, il faut préparer ce qu'on appelle la *monte*, c'est-à-dire donner au ver les moyens de faire facilement son cocon, et l'on dispose pour cela, sur les tablettes et autour des montants qui les soutiennent, des paquets de petits rameaux dépouillés de feuilles; l'animal y pénètre, et il s'y enveloppe librement de son fil délicat; au bout de quelques jours, on détache les cocons, on met à part ceux qu'on veut laisser éclore; les autres sont jetés dans l'eau bouillante, qui fait périr la chrysalide; on dévide ensuite la soie, qui dès lors peut être livrée au commerce. Les cocons que l'on a mis à part éclosent une quinzaine de jours après la tranformation en chrysalide ; ce sont alors des papillons ; on les dépose sur une table couverte d'étoffe, et là ils font des œufs qui s'attachent à cette étoffe, et que l'on conserve au frais pour une nouvelle saison. Quand il s'agit de faire éclore ces œufs, il faut les exposer à une douce chaleur : dans une foule de ménages, les

Fig. 125. — Chenilles processionnaires.

femmes ont la singulière précaution de les échauffer en les portant sur elles jour et nuit.

Le *bombyx du chêne*, le *bombyx cynthia* ou *du ricin*, le *bombyx de l'ailante*, donnent aussi une bonne soie dans l'Asie orientale ; ils paraissent pouvoir être naturalisés chez nous.

J'ai dit qu'il y a des bombyx très-nuisibles : tels sont

surtout ces chenilles noires, mais parsemées de bandes rousses et bleues, avec une bande blanche, qu'on voit en si grand nombre dans nos vergers; elles appartiennent au *bombyx neustrien.*— Un bombyx fort curieux est celui qu'on nomme *processionnaire :* le jour, ses chenilles se tiennent immobiles, les unes à côté des autres, dans une espèce de sac de soie appliqué le long du tronc d'un arbre; mais, quand arrive l'heure de prendre leur nourriture, c'est-à-dire le soir, elles sortent de ce nid, d'abord une à une, puis deux à deux, trois à trois, quatre à quatre, quelquefois jusqu'à vingt de front, marchant quand la première marche, s'arrêtant quand elle s'arrête; elles rentrent au logis dans le même ordre qu'elles en sont sorties.

Aux papillons de nuit appartiennent encore les *pyrales* ou *tordeuses*, qui tordent les feuilles des plantes et les lient avec de la soie pour se faire un logement. Non-seulement les chenilles trouvent là une habitation, mais elles y ont le *vivre et le couvert;* elles dévorent la plupart du temps les feuilles qui les abritent, et, le repas terminé, la maison n'étant plus habitable, elles vont plus loin élire domicile.

Vous avez vu souvent les fourrures et les étoffes mangées pas des vers : eh bien, ce sont encore des chenilles de phalènes, et ces phalènes, qu'il faut s'empresser de détruire, portent le vilain nom de *teignes*.

Quittons les papillons, et disons un mot des HÉMIPTÈRES (c'est-à-dire insectes à demi-ailes), chez lesquels tantôt il y a des ailes beaucoup plus courtes que les autres, tantôt les ailes manquent entièrement. Nous y voyons d'abord les *cigales*, que tout le monde croit connaître, parce qu'on les confond avec les sauterelles, si communes dans notre climat de Paris; mais les cigales n'habitent que les pays chauds, et n'ont pas de jambes disposées pour le saut; les mâles rendent un son, à l'aide de deux petits instruments placés sous le ventre : ce bruit, qu'on décore du nom de chant, quoiqu'il ne s'opère que par une espèce de frottement, est quelquefois tellement fort et multiplié, qu'il devient insupportable.

Les *punaises*, hôtes malheureusement fréquents des habitations, peuvent être considérées comme un des plus importuns ennemis de l'homme.

Les *fulgores*, dans l'Amérique méridionale, sont célèbres par l'éclat phosphorique qu'ils répandent.

Les *cochenilles* sont importantes par leurs propriétés colorantes. L'espèce la plus précieuse est la *cochenille du nopal*, si utile à la peinture et à la teinture, comme un des premiers ingrédients du carmin : elle vit surtout au Mexique; mais on peut aussi l'élever dans l'Afrique et le midi de l'Europe. Nous savons déjà que le nopal est un cactus. Tous les ans, à la belle saison, on *sème* les cochenilles sur cette plante, c'est-à-dire qu'on en met huit ou dix mères dans un petit nid formé d'une étoffe claire, et l'on place ce nid à la base de chaque branche. On voit, au bout de quelque temps, les petits partir par les trous de l'étoffe, et se répandre sur toute la plante qui les nourrit. Bientôt la récolte se fait; on passe légèrement le bout arrondi d'un couteau le long de la peau du nopal, du haut en bas, et l'on reçoit dans la main les cochenilles qui tombent; on les met ensuite dans un panier, et, le même jour, on les tue en jetant dessus de l'eau bouillante; puis on les fait sécher sur une table, et on les met enfin dans des boîtes, pour être livrées au commerce. — Une autre cochenille, nommée *kermès*, donne aussi une couleur rouge, mais moins estimée que celle de la précédente : elle vit particulièrement sur le chêne vert, commun dans le midi de l'Europe. — C'est encore une cochenille qui, piquant les jeunes branches de quelques arbres de l'Inde, en fait découler la gomme *laque*, employée dans la composition de la cire à cacheter, de quelques vernis, etc.

Arrivons aux HYMÉNOPTÈRES (c'est-à-dire insectes à ailes membraneuses). Nous remarquons parmi eux un insecte nommé *cynips* qui produit la noix de galle, usitée en teinture et pour la fabrication de l'encre. Il dépose en effet ses œufs sous l'épiderme des feuilles ou d'autres parties d'une espèce de chêne; les œufs sont accompagnés d'une liqueur âcre qui fait extravaser les sucs du végétal ; et il se forme autour de la larve une excroissance considérable semblable à une noix.

Fig. 126. — Récolte de la cochenille sur les nopals.

Parlons maintenant des *fourmis*. Que ne peut-on pas dire de ces insectes, qui forment de si admirables républiques, et dont l'histoire occuperait facilement un volume entier ! Au milieu de leurs curieuses mœurs, choisissons quelques-uns des faits les plus intéressants. Remarquons d'abord que les fourmis mâles et femelles, qui ne sont pas fort nombreuses, ont de longues ailes, tandis que les fourmis privées d'ailes, qu'on voit le plus ordinairement, sont neutres. Ce sont ces fourmis neutres qui se chargent de tous les travaux que nécessite l'existence de la société. Elles extraient, apportent et disposent tous les maté-

Fig. 127. — Cynips.

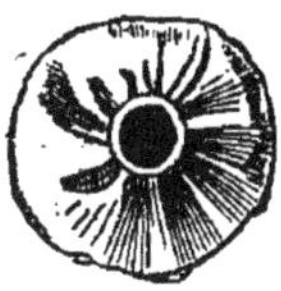

Fig. 128. — Noix de galle.

riaux dont se compose le nid, c'est-à-dire la fourmilière; elles recherchent les provisions journalières; elles ont soin des œufs et des larves, donnent la becquée à ces dernières, au moyen d'une liqueur miellée qu'elles leur dégorgent, et changent de place les œufs selon les différents degrés de température. Ce sont elles enfin qui défendent l'habitation, en cas de guerre ou d'invasion. « Quelquefois les fourmis ont à changer de domicile, soit qu'elles fuient tourmentées par la main des hommes, soit que d'autres fourmis attaquent leurs nids. Alors l'émigration s'opère d'une manière singulière : une des fourmis, à qui l'idée de changer de domicile est venue, a-t-elle trouvé un endroit qui lui semble propice, elle revient sur ses pas, tâche de faire comprendre à l'une de ses compagnes ce qu'elle a découvert, et la saisit par les mandibules ; celle-ci se roule alors en peloton, et se laisse porter au nouveau domicile ; quand elle en a reconnu les avantages, elle s'éloigne avec sa conductrice, et ensemble elles reviennent en chercher d'autres, jusqu'à ce que toute l'émigration soit effectuée. Parmi les raisons qui forcent les fourmis à émigrer, la guerre y entre pour beaucoup ; ces guerres ont ordinairement pour motifs des discussions de voisinage, les fourmis étant de petits insectes très-irascibles. Lorsqu'elles font rencontre, sur leur chemin habituel, d'habitants d'une autre fourmilière, il faut essayer de se rendre maître du terrain ; elles sortent alors de part et d'autre de la fourmilière, se saisissent, se terrassent, se tirent de côté et d'autre, se secourent entre elles quand il en est besoin, et se laissent plutôt déchirer en morceaux que de lâcher prise une fois qu'elles ont saisi leurs adversaires; le champ de bataille a quelquefois trois ou quatre pieds carrés, et il reste toujours jonché d'une grande quantité de morts, de blessés et d'autres qui sont étourdis par la quantité d'acides vénéneux dont ils ont été atteints. Le combat continue le lendemain ; le parti le plus fort finit par pénétrer dans la ville ennemie et y porter le ravage[1]. »

Parmi les fourmis, il en est qui construisent leurs habitations dans les vieux bois, qu'elles creusent en galeries spacieuses, en loges innombrables, distribuées en plusieurs étages. D'autres savent, en habiles maçons, créer les compartiments de leur demeure en creusant l'intérieur du sol, ou en formant des monticules de toutes sortes de matériaux : on voit sur ces monticules plusieurs ouvertures en forme d'entonnoirs, qui descendent dans l'intérieur de la fourmilière ; ces entrées sont vastes, et donnent passage à une quantité innombrable d'habitants, qui, pendant toute la journée, se tiennent sur la fourmilière ou alentour ; mais quand la nuit ou le mauvais temps arrive, elles rentrent toutes au souterrain, et, avec les matériaux mobiles qu'elles peuvent avoir, elles ferment ou ré-

[1] Percheron, *Dictionnaire pittoresque d'histoire naturelle.*

trécissent les ouvertures, y laissant seulement quelques sentinelles qui restent pour veiller à la sûreté des autres. Ce dôme n'est pas informe et massif, comme on pourrait le croire, mais contient divers étages divisés avec art en beaucoup de

Fig. 129. — Essaim.

loges. Tant de travaux ingénieux feraient croire que les fourmis ont un langage facile à comprendre : quelques naturalistes pensent que ce langage s'opère au moyen des antennes, deux petites cornes mobiles que ces insectes, comme tous les autres, portent à leur tête. Une fourmi qui rentre portant de la nourriture, frappe de ses antennes celles de ses compagnes qu'elle rencontre, pour les inviter à venir en prendre leur part ; de son côté, la fourmi qui en a besoin arrête celles qui arrivent, pour leur demander ce qui lui revient.

On pense vulgairement que les fourmis font des magasins pour l'hiver, mais c'est une erreur; elles s'engourdissent pendant cette saison, et n'ont pas alors besoin de vivres.

Malgré toutes leurs brillantes qualités, les fourmis n'en sont

Fig. 130. — Ruche.

pas moins des voisines fort désagréables pour nous : elles envahissent souvent nos maisons, et y attaquent toutes les provisions, surtout celles qui sont sucrées.

Les *abeilles*, au contraire, nous sont très-utiles, et elles ne se montrent pas moins intéressantes par leurs habitudes sociales. Que d'ordre dans leurs différentes fonctions ! que leur gouvernement est intéressent ! que d'art dans leurs ouvrages, et d'activité dans leurs travaux ! Chaque société d'abeilles est composée d'une femelle unique ou d'une reine, de plusieurs mâles ou faux bourdons, et d'un grand nombre de neutres ou abeilles ouvrières. La femelle, plus grosse que les autres, reçoit, de la part des ouvrières, des hommages et des soins empressés. Lorsqu'une ruche est trop pleine, par suite de la naissance de nouvelles abeilles, une émigration devient nécessaire ; un certain nombre d'entre elles, ayant une reine à leur tête, abandonnent l'habitation, et ce nouvel essaim ne tarde pas à s'arrêter sur une branche d'arbre ; là, les abeilles forment une sorte de grappe, et se cramponnent les unes aux autres au moyen de leurs pattes; bientôt quelques-unes s'en détachent; les autres s'agitent alors, et toutes s'envolent vers une cavité d'arbre, de rocher ou de muraille, où elles vont établir leur colonie. Dès ce moment, les ouvrières vont chercher dans la campagne un abondant butin ; les unes apportent une substance tenace dont elles enduisent les parois de la ruche ; d'autres commencent les constructions intérieures, et élèvent avec une délicatesse et un fini admirables les alvéoles, ou petites loges à six côtés, destinés à contenir les œufs et à servir de magasins pour l'approvisionnement général : ces alvéoles sont faits avec la cire que l'insecte a composée de la poussière des étamines des fleurs : il a d'abord apporté cette poussière sur ses pattes de derrière : il l'avale et ensuite la dégorge sous une forme très-molle. Les alvéoles des mâles sont un peu plus grands que ceux des neutres ; mais les cellules des reines surpassent toutes les autres en grandeur et en magnificence.

Quant au miel, les abeilles le produisent en recueillant le suc contenu dans certaines glandes des fleurs ; elles avalent d'abord le suc, puis le dégorgent et le déposent dans les alvéoles. Le miel destiné à la nourriture journalière reste découvert et constamment à la disposition de toutes les abeilles, mais elles ferment avec soin, par un couvercle de cire, celui qu'elles conservent pour l'hiver ; souvent, au lieu de déposer leur récolte dans une cellule, quelques abeilles se rendent au quartier des travailleuses, et leur offrent du miel en allongeant la trompe, afin que celles-ci ne soient point obligées de quitter leurs travaux pour aller chercher de la nourriture.

Comme les fourmis, les abeilles se livrent souvent des combats acharnés ; elles se saisissent réciproquement les pattes, elles se tiennent corps à corps, elles pirouettent en cherchant à faire pénétrer dans le corps de leur rivale l'aiguillon empoisonné dont elles sont armées; mais, si elles parviennent à le faire, malheur à elles-mêmes : privées de ce dard, elles tombent bientôt, mourant victimes de leur victoire.

Pour profiter de leur doux miel et de leur cire, plus précieuse encore que le miel, l'homme a soumis ces intéressants insectes à un état domestique : il leur fabrique des demeures en osier, en paille et en liége, et souvent il les tue sans pitié afin de s'emparer plus facilement de toutes leurs richesses.

Les *guêpes*, les *frelons*, les *bourdons*, sont de beaux insectes de la même famille que les abeilles, mais qui ne sont pas, comme celles-ci, utiles à l'homme.

A côté de ces animaux, viennent se placer les **NÉVROPTÈRES**,

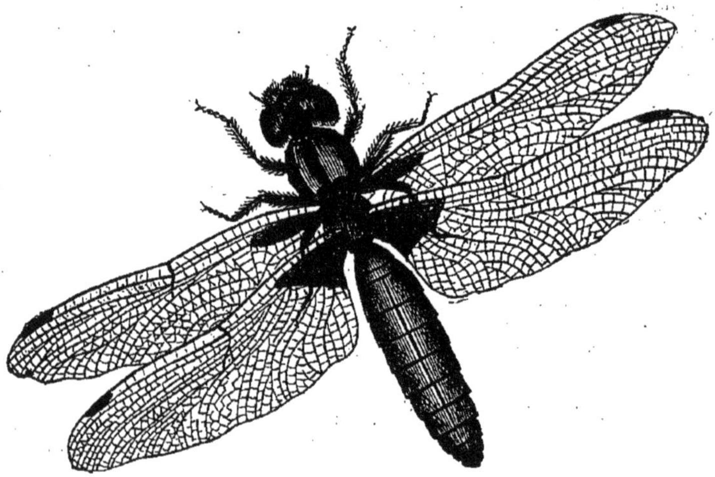

Fig. 131. — Libellule.

et, parmi eux, les brillantes *libellules* ou *demoiselles*, à la taille déliée, aux jolies couleurs, et qu'on voit planer gracieusement au-dessus des eaux et dans les allées bien ombragées. Sous leur gentille figure, elles cachent un instinct très-carnassier; elles saisissent cruellement les insectes qui se trouvent sur leur passage, les serrent dans leurs pattes robustes et velues, et les

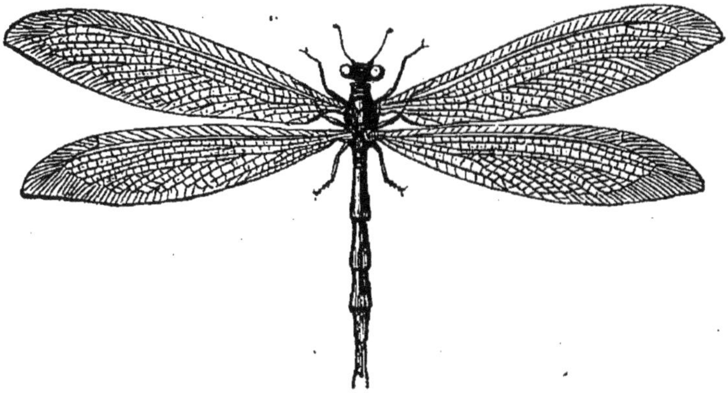

Fig. 132. — Fourmilion.

dévorent en peu d'instants. — Les *éphémères*, qui vivent aussi aux bords des eaux, tirent leur nom de la brièveté de

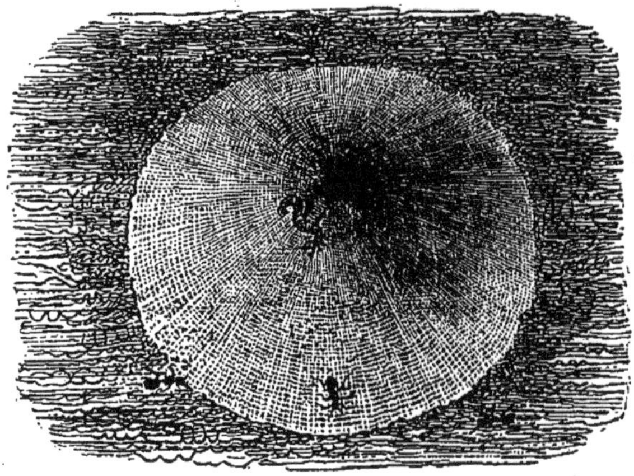

Fig. 133. — Trou du Fourmilion.

leur vie après qu'ils ont reçu leurs ailes ; plusieurs naissent après le coucher du soleil, et ne voient pas son lever ; quelques-uns résistent deux ou trois jours. Ces insectes sont d'une mollesse et d'une fragilité extrêmes. Il en éclôt dans le même temps une abondance surprenante : on voit souvent, le matin, les bords des rivières couverts d'un tapis blanc formé de leurs cadavres amoncelés, et il n'en tombe pas moins dans l'eau : les pêcheurs les ont appelés la *manne des poissons*.

Il existe dans l'Afrique un insecte qui déploie dans ses constructions une étonnante industrie : ce sont les termites, qu'on appelle aussi fourmis blanches, quoique ce ne soient pas des fourmis : on a vu de leurs édifices pyramidaux dont la hauteur allait à plus de 5 mètres. Malheur au voyageur qui porterait ses pas sur ce monticule habité ! Ces animaux s'introduisent dans les habitations, et y causent les plus grands ravages.

Les *fourmilions*, qui ressemblent assez aux demoiselles, mais qui volent mal et très-lourdement, sont surtout curieux par les travaux de leur larve. Rien de plus curieux à étudier que la larve du fourmilion, qui se blottit au fond de petits trous, attendant le passage de sa proie. Dès quelle a trouvé un favorable endroit sablonneux, bien exposé, elle se creuse un véritable entonnoir ; à l'aide de sa tête et de ses mandibules, elle lance le sable hors de l'enceinte qu'elle s'est tracée, et finit, à force de patience et d'énergie, par déblayer le terrain ; le trou est terminé, le fourmilion se cache au fond de l'entonnoir, il est aux aguets, malheur aux imprudents qui vont s'aventurer dans ces parages ! Une fourmi pressée arrive et s'y engage ; le sol fuit sous ses pieds, elle glisse ; néanmoins, elle fait un effort désespéré pour s'échapper, elle est sur le point d'y parvenir ; son ennemi l'accable d'une grêle de sable ; étourdie, elle retombe au fond du précipice et succombe sous les pinces de son terrible adversaire. Voilà le drame auquel nos chers lecteurs pourront assister sans sortir peut-être de leur jardin.

L'ordre des ORTHOPTÈRES (c'est-à-dire ailes droites) renferme les *mantes*, particulières aux pays chauds, très-carnassières et très-voraces, qui se dévorent même entre elles ; elles ont des formes singulières, et sont regardées par quelques populations comme des animaux sacrés.

Les *sauterelles* sont ainsi nommées de ce qu'elles ont des pieds très-longs disposés pour le saut. En frottant leurs cuisses

Fig. 134. — Invasion de sauterelles.

contre leurs ailes supérieures, elles font entendre un bruit assez fort qu'on appelle leur chant. — Les *criquets*, qui leur ressemblent beaucoup, et auxquels on donne souvent aussi le nom de sauterelles, sont communs, surtout dans les pays chauds: lorsqu'ils ont pris leur vol, ils forment des masses compactes qui présentent quelquefois plus d'un kilomètre de longueur, et qui obscurcissent l'air comme un nuage; ils détruisent en un instant tous les végétaux du pays où ils s'abattent, et souvent leurs cadavres amoncelés répandent ensuite des miasmes

Fig. 135. — Sauterelle.

qui engendrent des maladies épidémiques. L'histoire a plusieurs fois signalé les malheurs causés par ces animaux dans certaines régions fertiles du nord de l'Afrique, de l'ouest de l'Asie et du sud de l'Europe[1]; mais les habitants du désert regardent comme un bienfait du ciel l'arrivée des criquets, dont ils font un de leurs mets principaux.

Dans la même division se placent les *grillons*, qui font entendre, les uns dans nos foyers, les autres dans les champs, leur cri métallique, produit par leurs pattes et leurs ailes; — les *forficules* ou *perce-oreilles*, insectes inoffensifs, malgré

[1] La Russie méridionale est un des pays les plus exposés à leurs ravages.

leur mauvaise réputation; — et les *blattes*, qui font de grands dégâts dans le pain et la farine; — la *courtilière* ou *taupe-gril-*

Fig. 156. — Hanneton.

lon, qui exerce des ravages dans les jardins en coupant les plantes.

Il existe un ordre d'insectes dont les deux ailes supérieures ressemblent à des étuis solides, sous lesquels les ailes inférieures se replient entièrement quand l'animal est en repos.

On les appelle COLÉOPTÈRES (c'est-à-dire ailes en étui). Tels sont les *hannetons*, qui paraissent en si grand nombre aux premiers jours du printemps, et dont l'enfance se fait un amusement ; ils ne sont pas innocents, comme on le croirait d'abord : ils causent dans nos plantations des dégâts incalculables ; car,

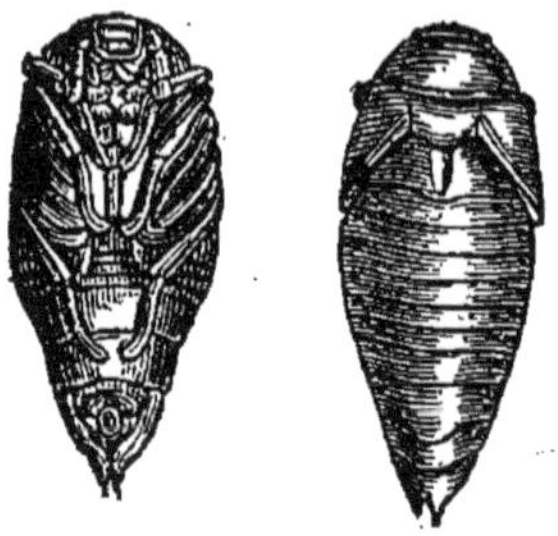

Fig. 137. — Chrysalide.

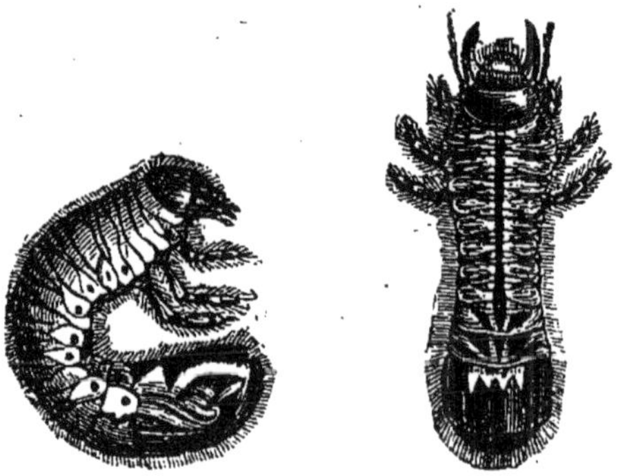

Fig. 138. — Larves.

à l'état de larve, et sous le nom de ver blanc ou de *man*, ils rongent pendant deux ou trois années consécutives les racines tendres des plantes; devenus insectes parfaits, ils attaquent les feuilles, et dépouillent tout à fait les arbres. — Tels sont encore les *buprestes* ou *richards*, qui ont reçu ce dernier nom de la beauté et de l'éclat de leurs couleurs;—les jolies petites *coccinelles*, ou *bêtes à bon Dieu*; — les *charançons*, les *calandres*, dont les larves causent de grands ravages en attaquant le blé; — les *capricornes*, remarquables par leurs longues antennes; les *cerfs-volants*, les *hercules*, qui sont de gros et forts insectes ; — les *escarbots* ou *scarabées*, qui ont compté jadis parmi les principales divinités égyptiennes et dont font partie les *bousiers*; — les *cétoines*, qui vivent sur les fleurs et ont des couleurs riches et variées; — les *cantharides*, usitées en médecine pour les vésicatoires : elles sont d'un vert métallique et brillant, et vivent principalement sur les frênes; quand on veut les récolter, on étend des draps sous ces arbres, qu'on secoue forte-

Fig. 139 Coccinelle.

ment, et elles tombent à terre; on les ramasse, et on les jette dans le vinaigre pour les faire périr promptement.

Il faut encore distinguer, parmi les coléoptères, les *lampyres* ou *vers luisants*, qui se font remarquer la nuit par la lueur phosphorique qu'ils répandent : dans nos climats, la femelle seule jouit de cette propriété, et elle demeure sur le sol parce qu'elle est généralement privée d'ailes; mais, dans les pays chauds, les deux sexes sont ailés, et se montrent l'un et l'autre lumineux : ils présentent alors en l'air un charmant coup d'œil.

Après les insectes, se présente la classe des **Myriapodes** ou **Millepieds**; ces animaux tirent leur nom de leur grand nombre de pattes, qui s'élève quelquefois à trois cents paires. On les voit fuir la lumière et se glisser rapidement dans les endroits humides, sous les pierres, sous les vieux bois, dans les fumiers, ou dans les lieux sablonneux. Ces petits êtres résistent souvent d'une manière étonnante aux plus grandes mutilations : on a vu des fragments postérieurs de leur corps remuer environ quinze jours après avoir été séparés de la partie antérieure; quand on arrache la tête de l'un de ces animaux, on le voit aussitôt marcher dans le sens de la queue; si on lui enlève ensuite la queue, il n'a plus alors de direction bien déterminée : il s'avance tantôt d'avant en arrière, et tantôt d'arrière en avant. Il y a des myriapodes dont la morsure est venimeuse; tels sont les *scolopendres*, dont la bouche est armée de deux crochets par où s'écoule une liqueur irritante. Tels sont encore les *iules*, qui, de tous les myriapodes, ont les pattes les plus nombreuses.

Le vulgaire confond souvent avec les insectes la classe des **Arachnides**, qui s'en distinguent cependant par plusieurs traits bien marqués, entre autres par leurs pattes, qui sont au nombre de huit, tandis que les insectes n'en ont que six. On y trouve d'abord les *araignées*, qui inspirent toujours quelque répugnance par leur couleur sombre, leur corps velu, leurs grandes pattes, mais qui offrent aussi, par leurs mœurs, des sujets continuels d'attention et d'admiration. Avec quel art elles fabriquent leurs toiles délicates, formées des fils qu'elles tirent de petits mamelons placés sous la partie postérieure de leur ventre ! Avec quelle adresse elles font des cocons pour renfermer leurs œufs, ou les disposent en filets redoutables pour prendre les insectes et les autres petits animaux dont elles se nourrissent !

Elles sont très-voraces, très-cruelles, et se dévorent même entre elles. Il est des contrées où les araignées atteignent une grosseur extraordinaire : une des plus énormes est la *mygale*, qui, en Amérique, fait des toiles assez fortes pour arrêter les petits oiseaux. A Java, elles attaquent les jeunes perroquets dans leurs nids, leur sucent le sang et les font périr.

On a voulu tirer parti des soies si déliées de ces animaux, et l'on est parvenu, en effet, à en fabriquer des bas et des gants. Les araignées sont venimeuses, mais leur venin n'est dangereux que pour les êtres de leur taille ; une mouche, par exemple, piquée par une araignée, périt en quelques instants ; mais un homme n'en éprouvera aucun accident, si ce n'est peut-être une légère enflure, comme celle que produit une piqûre de cousin. On a cependant beaucoup parlé de la morsure funeste de la *tarentule*, espèce d'araignée de l'Italie méridionale et qui tire son nom de la ville de Tarente. Croyant conjurer le venin de la tarentule, les Italiens se livrent à une danse effrénée au son des fifres et des tambourins. — Le véritable inconvénient de ces petits êtres, c'est qu'ils établissent partout leurs demeures dans les nôtres, et qu'ils exigent un soin continuel pour qu'on puisse se débarrasser de leur présence. Tous, du reste, n'ont pas des teintes sombres : plusieurs sont, au contraire, ornés de couleurs très-jolies ; beaucoup de personnes se sont plu à en apprivoiser et s'en sont fait une compagnie qui leur est devenue chère ; d'autres en mangent sans dégoût, et le célèbre astronome Lalande avalait avec délice les plus grosses araignées.

Mais un arachnide réellement redoutable, c'est le *scorpion*, qui n'habite que les pays chauds. A ses mandibules sont attachés des organes nommés palpes, qui s'allongent en forme de bras et se terminent en pinces. Il a une queue noueuse, armée d'un dard aigu, qui introduit dans la piqûre une liqueur très-vénéneuse.

C'est encore dans les arachnides que se trouvent les *acarus*, *cirons* ou *mites*, animaux très-petits, qui se placent dans les fromages secs, dans la farine et d'autres aliments, dans les collections d'histoire naturelle, sur le corps même de l'homme ;

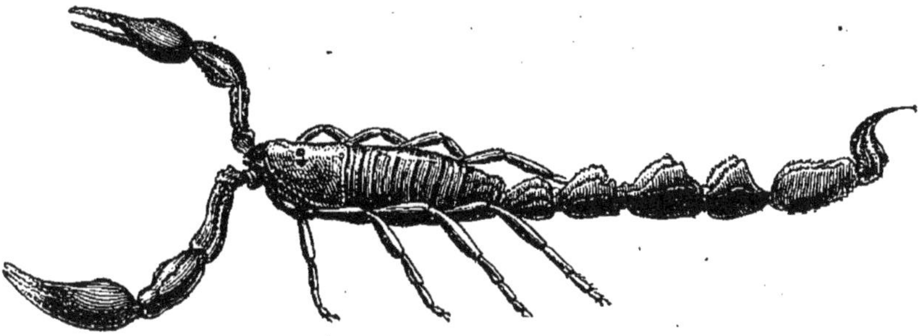

Fig. 140. — Scorpion.

et c'est une espèce d'acarus qui paraît causer la maladie nommée gale.

Nous arrivons à une classe d'animaux généralement beaucoup plus gros : ce sont les **Crustacés**. Ils tirent leur nom d'un mot latin qui signifie *croûte :* presque tous, en effet, ont le corps recouvert d'une espèce de croûte. Ils possèdent ordinairement un grand nombre de pattes. La plupart vivent dans l'eau, et ceux qui habitent sur le sol cherchent toujours des retraites humides et obscures.

Les crustacés comprennent plusieurs espèces dont on fait une grande consommation comme aliment : telles sont les *écrevisses*, qui ont une queue épaisse et allongée servant de nageoire : au moyen de sa queue, en effet, l'animal donne des coups réitérés dans l'eau, et peut ainsi se mouvoir; mais comme cette nageoire se dirige vers la tête, il en résulte que le corps va à reculons. On distingue différentes sortes d'écrevisses : l'*écrevisse commune* ou *d'eau douce*, l'*écrevisse de mer* ou *homard*, la *langouste*, qui vit également dans la mer; ce sont des mets fort répandus; mais les *crevettes* sont les

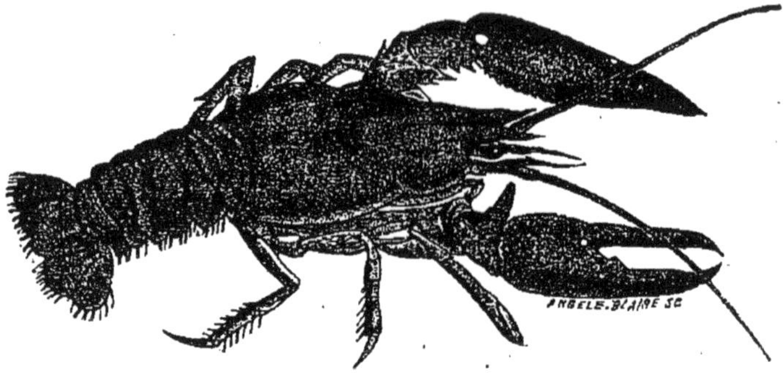

Fig. 141. — Écrevisse.

crustacés dont on fait la pêche la plus abondante sur nos côtes. On mange aussi les *crabes* (en latin, *cancer*), qui vivent en grand nombre dans la mer.

Les **Annélides** (c'est-à-dire animaux dont le corps est composé d'*anneaux*) forment une classe moins considérable, mais non sans importance. De tous les animaux sans vertèbres, ce sont les seuls qui aient le sang rouge; aussi les appelle-t-on souvent **vers à sang rouge**. Tantôt ils ont, pour s'aider dans leurs mouvements, des soies ou des faisceaux de poils raides et mobiles; tantôt ils ne peuvent que ramper. La plupart vivent dans l'eau, dans la vase, dans le sable hu-

Fig. 142. — Sangsue.

mide ou la terre grasse; mais quelques-uns habitent des tubes calcaires qu'ils se forment avec leur propre substance; il en est qui agglutinent, autour de leur corps, du sable, des débris de coquilles ou d'autres matières, et qui se forment ainsi des demeures d'où ils ne peuvent plus sortir.

Parmi les annélides munis de petites soies pour se mouvoir, on remarque les *lombrics* ou *vers de terre.* Parmi ceux qui sont tout à fait privés d'organes locomoteurs, il faut nommer les *sangsues*, si utiles dans la médecine : leur bouche a trois petites dents qui entament la peau des animaux dont elles tirent le sang pour se nourrir; à chacune de leurs extrémités, elles sont pourvues d'un disque au moyen duquel elles s'attachent sur les corps. Il est une espèce très-nuisible, la *sangsue de terre*, qui est commune dans l'Inde; elle vit dans les herbes, et sa piqûre peut faire perdre la vie aux hommes, surtout à ceux qui s'endorment sur le sol.

MOLLUSQUES

La grande division des Mollusques tire son nom de la constitution toujours *molle* du corps de ces animaux : mais ce corps mou est ordinairement protégé par une coquille, qui affecte souvent des formes gracieuses, ou se pare de belles couleurs et d'un émail brillant; beaucoup de mollusques sont, en outre, précieux par leurs principes colorants; d'autres offrent à l'homme un aliment utile; mais ce qui rend surtout les mollusques importants aux yeux de la science, c'est qu'ils sont d'un grand secours pour l'étude des révolutions du globe : on trouve, en effet, dans beaucoup de terrains, de nombreux échantillons de coquilles que leur dureté a conservées jusqu'à nos jours, et qui sont autant de témoins des changements que la surface de la Terre a éprouvés.

Les coquilles sont tantôt à une seule pièce, c'est-à-dire *univalves*, tantôt à deux pièces, c'est-à-dire *bivalves*, quelquefois à un plus grand nombre, et dans ce cas elles sont *multivalves.*

Les mollusques à coquilles sont dits *testacés;* on appelle *nus* ceux qui sont privés de coquille.

Les mollusques vivent, les uns sur le sol, les autres dans l'eau. Plusieurs peuvent à peine se mouvoir; un grand nombre sont complétement privés de tête, et sans organes de la vision et de l'ouïe; la plupart exsudent une matière muqueuse et gluante qui les rend désagréables au toucher. Mais beaucoup jouissent, dans les mers des pays chauds, d'une phosphorescence qui produit l'effet le plus magique : pendant le jour, ils ne donnent aucune lumière; mais, dès que la nuit est close, ils mêlent leur éclat à celui de mille autres animaux, et leurs réunions souvent innombrables contribuent beaucoup à la lumière dont les flots de l'Océan semblent animés : cette lumière est ce qu'on appelle la *phosphorescence de la mer;* rien n'égale la beauté étrange d'un tel spectacle : tantôt la surface des eaux paraît brillante comme une étoffe d'argent; tantôt elle est comme couverte d'une nappe immense de soufre et de bitume embrasés ; souvent on dirait que des jets de flammes étincelantes s'élancent au-dessus des ondes, et quelquefois il semble qu'on voit une vaste plaine de lait ou une mer de sang.

Une des plus importantes classes des mollusques est celle des **Acéphales** ou des mollusques *sans tête.* La coquille dont ces animaux sont généralement enveloppés est à deux valves, c'est-à-dire à deux pièces mobiles, au moyen desquelles plusieurs se meuvent dans l'eau , car ils choquent le liquide avec ces valves, qu'ils ouvrent et ferment subitement; mais un grand nombre restent fixés aux rochers ou aux différents corps marins, et pour cela quelques-uns possèdent des *byssus*, c'est-à-dire des paquets de filaments qui servent à les y attacher, comme les câbles retiennent les navires au rivage.

Un acéphale connu de tout le monde est l'*huître;* ce mollusque vit sur les côtes, à peu de profondeur au-dessous du niveau de la mer ; on le trouve attaché aux rochers ou aux racines des arbres. Quelquefois les huîtres se fixent les unes aux autres, et forment ainsi des bancs fort épais et très-étendus, qui

Fig. 143. — Pêche des huîtres.

peuvent pendant longtemps fournir à une consommation énorme.

Les meilleures huîtres de France sont celles de Cancale, de Granville, de Marennes ; la Normandie en expédie d'immenses quantités à Paris. On les pêche ordinairement au moyen d'une drague, instrument de fer qui a la forme d'une pelle recourbée, et que l'on garnit d'une poche en cuir ou d'un filet ; on l'attache à un bateau : celui-ci, poussé par le vent, entraîne la drague, qui ramasse les huîtres au fond de la mer, comme le ferait un râteau ; on recueille ainsi jusqu'à onze ou douze cents huîtres à la fois. L'huître ne devient bonne que quelque temps après qu'elle a été pêchée, c'est-à-dire qu'après avoir séjourné dans un parc, réservoir d'eau salée de 3 ou 4 pieds de profondeur, et qui communique avec la mer par un conduit.

L'intérieur du coquillage d'un autre acéphale, nommé *aronde* ou *avicule*, fournit la nacre de perle et les perles elles-mêmes : on pêche surtout les arondes aux perles dans le golfe Persique et dans celui de Manaar, sur les côtes méridionales de l'Asie. — On trouve aussi des perles dans certaines *moules* de rivière. — Les moules de mer offrent aux populations maritimes un de leurs aliments les plus ordinaires. Ces animaux se fixent aux corps solides par un byssus. — Les *pinnes* sont des acéphales marins munis aussi d'un byssus ; ce byssus est fin comme de la soie, et on l'emploie en Calabre et en Sicile pour fabriquer des étoffes d'une beauté remarquable.

Les *peignes* ou *pèlerines* ont de jolis coquillages, marqués de côtes qui vont en rayonnant du sommet vers les bords.

La classe des **Gastéropodes** tire son nom, qui veut dire *ventre-pied*, de ce que les mollusques qu'elle comprend se servent de leur ventre comme d'un pied ; ou, pour mieux dire, ils rampent sur un disque charnu placé sous le ventre : c'est à cette classe qu'appartiennent les *escargots, hélices* ou *limaçons*. Malgré l'aspect peu attrayant de ces animaux, ils sont recherchés comme aliment dans beaucoup de pays ; les Romains en faisaient une grande consommation, et ils les élevaient dans des enclos disposés exprès. Ils sont, du reste, plus nuisibles qu'utiles, car ils causent de grands ravages dans nos jardins et nos vergers.

Fig. 144. — Escargot.

Les *limaces*, mollusques nus, se traînent dans les lieux humides et font de grands ravages dans les plantations.

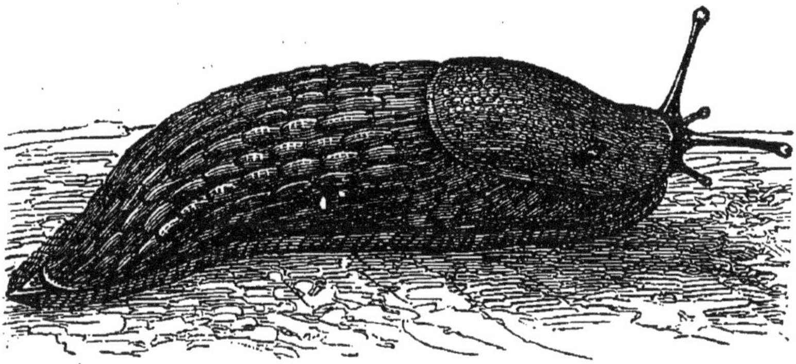

Fig. 145. — Limace.

Les *aplysies* ou *lièvres marins* sont des gastéropodes nus aussi, qui se tiennent tapis sous des pierres ou dans des trous de rochers, et qui ont le pouvoir de répandre. à l'approche de leurs ennemis, une liqueur rougeâtre et nauséabonde ; aussitôt l'eau est obscurcie et empoisonnée autour d'eux, et ils peuvent fuir sans danger.

C'est encore dans cette classe que se trouvent les *pourpres*, qui portent une vésicule remplie d'une liqueur colorante : celles qui habitent certaines parties de la Méditerranée servaient aux anciens à teindre les étoffes en *pourpre*.

Les gastéropodes aux plus jolies coquilles sont assurément les *cyprées* ou *porcelaines*, qui présentent une ouverture longue, étroite et dentée des deux côtés ; ce sont des coquilles de ce

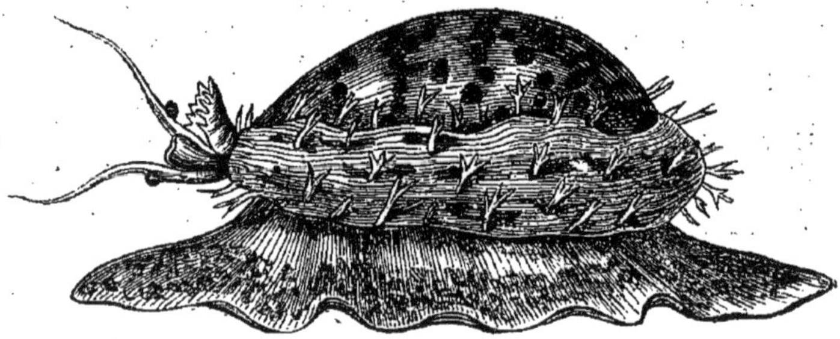

Fig. 146. — Porcelaine.

genre qui, sous le nom de *cauris* et mises dans de petits sacs, servent de monnaie dans quelques parties de l'Inde et de l'Afrique.

Les *rochers*, dont les coquilles sont hérissées de piquants et d'aspérités, et les *toupies*, remarquables par leurs spirales, appartiennent encore aux gastéropodes.

La classe des **Céphalopodes** comprend des mollusques marins plus intéressants que les autres par leurs mœurs et leur conformation. Leur corps forme une espèce de sac, d'où sort une tête munie de gros yeux immobiles, et couronnée de longs membres qui leur servent de pieds ou de bras. Ils nagent à reculons, et marchent dans toutes les directions, la tête en bas, s'appuyant sur ces espèces de pieds dont nous venons de parler : voilà pourquoi on les a appelés *céphalopodes*, c'est-à-dire ayant les *pieds à la tête*. Quand un ennemi les poursuit, ils répandent autour d'eux une liqueur noire qui trouble la transparence de l'eau, et ils ont ainsi le temps de s'enfuir: on croit que l'encre de Chine provient d'une liqueur de cette espèce. Tous les céphalopodes sont carnassiers, et plusieurs sont fort gros, très-voraces, et doués d'une grande force: malheur aux animaux qu'ils étreignent de leurs bras puissants!

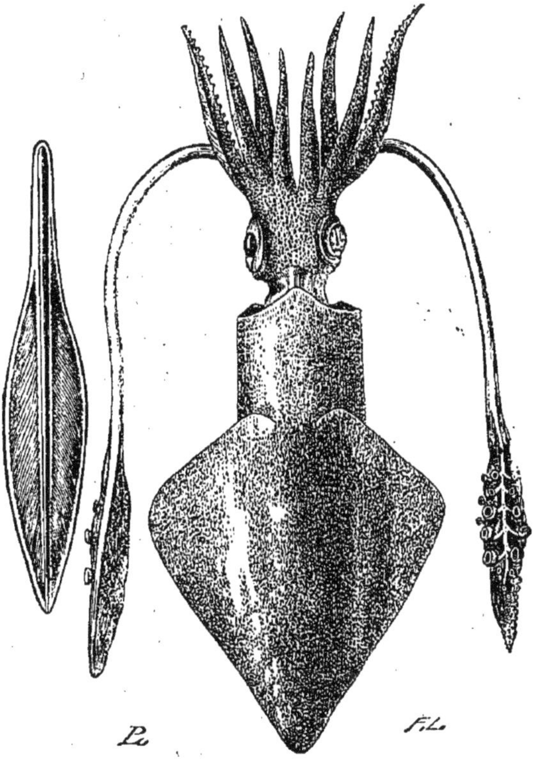

Fig. 147. — Seiche.

Il y a des céphalopodes qui ne sont pas enveloppés d'une coquille : telles sont les *seiches* ou *sépias;* mais elles ont du moins une sorte de coquille intérieure renfermée dans leur dos: c'est cette matière qui est employée, sous le nom d'*os de seiche*, pour polir les corps peu durs. La liqueur que ces animaux répandent est fort usitée en peinture, et elle porte aussi le nom de sépia; la meilleure vient de la Méditerranée.—Les *poulpes*, vulgairement appelés *pieuvres*, ressemblent assez aux sépias ; mais ils n'ont que huit bras, tandis que celles-ci en ont dix. Ils atteignent souvent une taille considérable.

Les *calmars* ou *encornets* sont des céphalopodes plus allongés que les précédents, et d'une forme plus légère : ils nagent avec une grande rapidité, et ils s'élancent parfois hors de l'eau comme une flèche : on en a vu qui, emportés par leur saut, se sont posés jusque sur les porte-haubans des navires. Ils donnent une encre employée avantageusement dans les arts, et ils offrent une abondante nourriture aux classes peu aisées qui habitent les bords de la mer.

Parmi les céphalopodes à coquille extérieure, il faut distinguer l'*argonaute;* sa tête est couronnée de huit pieds inégaux, dont les supérieurs, plus longs que les autres, sont élargis à leur extrémité ; sa coquille, jolie, très-blanche et très-fragile, représente une espèce de nacelle marquée de côtes saillantes. Les anciens ont fait de la navigation de l'argonaute de poétiques descriptions, qui ne sont pas parfaitement exactes ; ils ont dit que sa frêle barque ne peut résister à l'agitation des flots, et qu'elle ne s'élève du fond de la mer que dans les temps les plus calmes ; que, parvenu à la surface de l'eau, l'animal introduit dans la coquille autant d'eau qu'il en faut pour lui servir de lest ; qu'il étend ses bras, s'en sert comme de rames et de balancier à la fois, et vogue avec une facilité admirable. Si un vent doux se fait sentir, ajoutent-ils, il dresse perpendiculairement ses deux bras élargis, et ils lui tiennent lieu de voiles. Survient-il du mauvais temps ou un ennemi, aussitôt tous les instruments de la navigation rentrent dans la coquille, et l'argonaute fait chavirer son bâtiment, qui se remplit d'eau et s'enfonce dans les profondeurs de la mer. Les poëtes ont prétendu que les hommes étaient redevables des premiers principes de l'art de naviguer à cet intéressant mollusque. Sans doute, il a des mouvements faciles et assez gracieux : mais il ne faut pas prendre à la lettre les peintures séduisantes qu'on en a faites. — Les *nautiles* ont beaucoup de ressemblance avec les argonautes, et on les a quelquefois confondus avec eux.

On trouve en abondance dans certains terrains un céphalo-

Fig. 148. — Argonautes.

pode fossile dont la coquille, très-grande et roulée en forme de corne de bélier, a reçu le nom d'*ammonite.*

ANIMAUX VERTÉBRÉS

Les animaux vertébrés comprennent quatre grandes classes : les *Poissons*, les *Reptiles*, les *Oiseaux* et les *Mammifères*. Ce sont pour nous les classes les plus importantes, et nous devons à chacune un article détaillé.

POISSONS.

Ces animaux ne vivent que dans l'eau. Leur sang est rouge, mais froid. Ils n'ont pas de voix, parce qu'ils sont privés de larynx : les organes de leur respiration se composent de lames et de filets disposés aux deux côtés du cou ; c'est ce qu'on appelle les *branchies* ou les *ouïes*. Leur fécondité est extraordinaire : on a compté dans une tanche quatre cent mille œufs, et dans une morue plus de neuf millions. A l'aide de leurs nageoires, les poissons se meuvent avec une rapidité souvent prodigieuse ; quelques-uns pourraient faire le tour du globe en peu de semaines. Ces nageoires sont au nombre de cinq sortes chez la plupart des poissons ; elles se divisent ainsi : *nageoires dorsales*, *nageoires pectorales*, *nageoires ventrales*, *nageoires anales* et *nageoires caudales*. Une vessie natatoire plus ou moins gonflée leur permet de se porter à la surface de l'eau ou de descendre au fond.

Au milieu des nombreux habitants des mers et des fleuves, nommons-en d'abord quelques-uns qui se distinguent par leurs formes étranges. Dans la famille des **Gymnodontes** (c'est-à-dire qui ont la mâchoire garnie de deux pièces d'ivoire, au lieu de dents ordinaires), on remarque les *diodons*, poissons des mers équinoxiales, qui sont hérissés d'épines, et qui ont la faculté de se gonfler comme un ballon et de flotter alors à la surface de l'eau.

Dans les mêmes mers habite la famille des **Sclérodermes**, c'est-à-dire à peau dure, où se trouvent les *coffres* ou *ostracions;* ces poissons ont la tête et le corps entièrement enveloppés dans une sorte de cuirasse d'une seule pièce, marquée de compartiments réguliers.

La famille des **Lophobranches**, c'est-à-dire à branchies en

Fig. 149. — Diodon.

forme de huppe, comprend les *hippocampes* ou chevaux marins, et les *pégases*, jolis petits poissons de l'Océan indien, qui ont leurs deux nageoires étalées en larges éventails.

La famille des **Salmones** renferme les *saumons*, qui vivent dans presque toutes les mers; mais ils remontent dans les rivières pour y déposer leur frai, c'est-à-dire leurs œufs. En s'avançant ainsi dans les cours d'eau, ils franchissent souvent des espaces qui paraissent cependant inabordables pour eux : on en trouve au-dessus de fort hautes cataractes. — Les *truites*, dont la chair est si estimée, ne sont que des espèces de saumons.

L'*éperlan*, qui brille de couleurs argentines très-agréables, et qui offre un très-bon aliment, appartient à la même famille.

La famille des **Harengs** ou **Clupes** abonde dans presque toutes les mers. Les harengs proprement dits habitent surtout les

Fig. 150. — Hippocampe.

mers du Nord : ils se tiennent habituellement dans la profondeur des eaux, mais ils en sortent par bandes innombrables, à diverses époques de l'année, pour venir déposer leur frai sur les côtes. Ils s'avancent alors par colonnes serrées qui occupent plusieurs lieues d'étendue ; leur passage est indiqué aux pêcheurs par des troupes d'oiseaux de mer qui les suivent continuellement pour s'en nourrir ; il l'est aussi par un mouvement continuel de l'eau pendant le jour, et par une sorte de traînée de feu pendant la nuit. La pêche du hareng est une grande source de richesses pour beaucoup de populations maritimes, et la petite république des Hollandais lui a dû sa splendeur : c'est là qu'on a trouvé l'art précieux de saler et d'encaquer ce poisson, de manière à le conserver longtemps et

Fig. 151. — Saut du saumon.

à le rendre transportable au loin. On appelle *harengs saurs* ceux qui sont ainsi préparés.

La *sardine* et l'*anchois*, dont on pêche de grandes quantités sur les côtes de la Bretagne et dans la Méditerranée, sont compris dans la famille des harengs. — L'*alose* est une très-grosse espèce qui remonte les fleuves pour frayer.

La famille des **Ésoces** renferme les *brochets*, poissons voraces, mais à la chair délicate, répandus dans toutes les eaux douces de l'Europe. C'est dans la même famille que se trouve l'*exocet* ou poisson volant, à la parure brillante, à l'éclat argentin, mais remarquable surtout parce qu'il peut *voler* à l'aide de deux de ses nageoires en forme d'ailes. Sa beauté lui est, du reste bien fatale, car elle ne sert qu'à le faire reconnaître par

Fig. 152. — Brochet.

ses ennemis. Lorsqu'il se sent inquiété par eux, il abandonne, pour leur échapper, l'élément dans lequel il est né : il s'élève dans l'atmosphère, mais il ne peut y rester longtemps, et alors même il devient la proie des oiseaux carnassiers qui infestent la surface de l'Océan, et qui, le distinguant de loin, tombent sur lui avec la rapidité de l'éclair. Veut-il chercher sa sûreté sur le pont des vaisseaux, dont il s'approche volontiers pendant son vol, il y trouve une fin non moins triste ; car il a la chair excellente, et le passager s'en empare avec joie.

La nombreuse famille des **Cyprins** peuple les eaux douces et n'a que des poissons aux habitudes paisibles et peu carnassières. Les *carpes* y jouent le rôle principal. Parmi les carpes, la plus jolie, mais non la plus utile, est la *dorade de la Chine*, petit poisson qui acquiert avec l'âge une charmante couleur dorée ; aussi fait-elle souvent l'ornement de nos bassins. — La même famille renferme la *tanche*, le *goujon*, l'*ablette*, très-recherchée pour la matière nacrée, appelée *essence d'Orient*, qui entoure la base de ses écailles, et avec laquelle on fabrique les fausses perles.

La famille des **Siluroïdes** a des poissons de rivière, plus communs dans les pays chauds que dans les nôtres. Les principaux sont les *silures*, parmi lesquels on distingue le *malaptérure*, ou *silure électrique*, qui se trouve dans le Nil et dans plusieurs autres fleuves d'Afrique : ce poisson est doué de la propriété de donner de fortes commotions électriques aux animaux qu'il touche : il engourdit ainsi, et fait même souvent périr, par ces ébranlements violents, les ennemis qui veulent l'attaquer, ou la proie dont il doit se nourrir. Le silure électrique est appelé par les Arabes *raach*, c'est-à-dire *tonnerre*, à cause de cette espèce de foudre dont il est armé.

La famille des **Anguilliformes** comprend un autre poisson armé de la même puissance : le *gymnote électrique*, qui vit dans l'Amérique méridionale, et qui déploie une puissance peut-être plus redoutable encore que celle du malaptérure. Il ressemble à l'anguille, dont on lui donne quelquefois le nom. Le célèbre voyageur Humboldt raconte pittoresquement une chasse aux gymnotes faite dans une mare, au moyen de chevaux et de mulets.

« Les Indiens, dit-il, avaient fait une sorte de battue de chevaux et de mulets, et, en les serrant de tous côtés, on les força d'entrer la mare. Je ne peindrai qu'imparfaitement le spectacle intéressant que nous offrit la lutte des anguilles contre les chevaux : les Indiens, munis de joncs très-longs et de harpons, se placent autour du bassin ; quelques-uns d'eux montent sur les arbres dont les branches s'élèvent au-dessus de la surface de l'eau : tous empêchent, par leurs cris et la longueur de leur jonc, que leurs chevaux n'atteignent le rivage. Les anguilles, étourdies du bruit des chevaux, se défendent par la décharge réitérée de leurs batteries électriques. Pen-

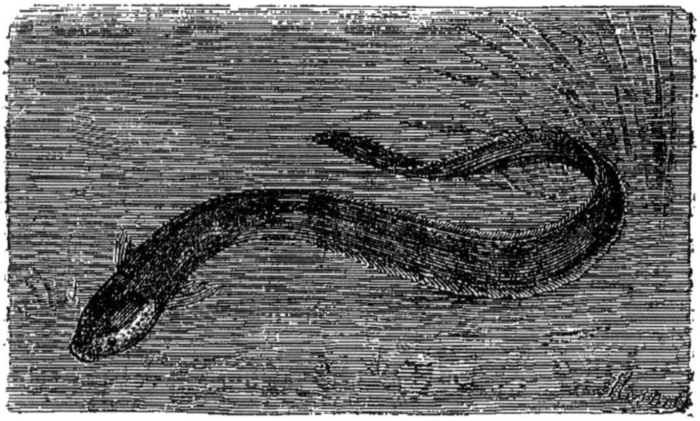

Fig. 153. — Gymnote.

dant longtemps elles eurent l'air de remporter la victoire sur les chevaux et les mulets; partout on vit de ces derniers qui, étourdis par la fréquence et la force des coups électriques, disparurent sous l'eau ; quelques chevaux se relevèrent, et, malgré la vigilance active des Indiens, gagnèrent le rivage, excédés de fatigue et les membres engourdis par la force des commotions. J'aurais désiré qu'un peintre habile eût pu saisir le moment où la scène était le plus animée. Ces troupes d'Indiens entourant le bassin; ces chevaux qui, la crinière hérissée, l'effroi et la douleur dans l'œil, veulent fuir l'orage qui les surprend; ces anguilles jaunâtres et livides qui, semblables à de grands serpents aquatiques, nagent à la surface de l'eau, et poursuivent leur ennemi : tous ces objets offraient sans doute l'ensemble le plus pittoresque... En moins de cinq minutes, deux chevaux

Fig. 154. — Pêche de gymnotes.

étaient déjà noyés. L'anguille, ayant plus de cinq pieds de long, se glisse sous le ventre du cheval ou du mulet ; elle fait dès lors une décharge dans toute l'étendue de son organe électrique : privés de toute sensibilité, les chevaux disparaissent sous l'eau ; les autres chevaux et les mulets leur passent sur le corps, et peu de minutes suffisent pour les faire périr. Après ce début, je craignais que cette chasse ne finît bien tragiquement. Je ne doutais pas de voir noyés peu à peu la plus grande partie des mulets et des chevaux ; mais les Indiens nous assurèrent que la pêche

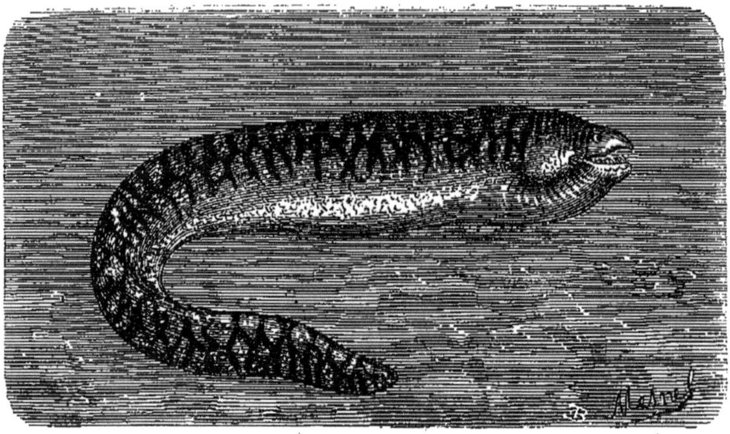

Fig. 155. — Murène.

serait bientôt terminée, et que ce n'est que le premier assaut des gymnotes qu'il faut redouter. En effet, les anguilles, après un certain temps, ressemblent à des batteries déchargées. Leur mouvement musculaire est encore également vif, mais elles n'ont plus la force de lancer des coups bien énergiques. Quand le combat eut duré un quart d'heure, les mulets et les chevaux parurent moins effrayés ; ils ne hérissaient plus la crinière ; leur œil exprimait moins la douleur et l'épouvante ; on n'en n'en vit plus tomber à la renverse. Les anguilles nageant à mi-corps hors de l'eau, et fuyant les chevaux au lieu de les attaquer, s'approchèrent elles-mêmes du rivage. Alors elles furent prises avec une grande facilité. On leur jeta de petits har-

Fig. 156. — Soles et limandes.

pons attachés à des cordes. Par ce moyen on les tira hors de l'eau. »

L'*anguille* proprement dite se divise en *anguille commune*, objet d'une pêche active dans les rivières d'Europe ; *anguille de mer* ou *congre*, et *murène ;* cette dernière est renommée pour la délicatesse de sa chair, et les anciens Romains dégénérés l'élevaient dans des viviers construits à grands frais sur le bord de la mer ; César, lors d'un de ses triomphes, en fit distribuer six mille à ses amis. Vedius Pollio, qui possédait un grand nombre de ces animaux, condamnait à être dévorés par eux des esclaves fautifs qu'il faisait jeter vivants dans la piscine.

Les **Gades** sont une grande famille de poissons, à laquelle appartient la *morue*, objet d'une pêche immense; cet utile animal se tient ordinairement dans les profondeurs de l'Océan : mais, pour déposer son frai, il se presse en foule vers les rivages. C'est surtout sur le banc de Terre-Neuve, dans l'Atlantique, qu'on voit pulluler les morues au printemps, et c'est là que les pêcheurs européens se rendent alors avec de nombreuses embarcations : ils emportent des vivres pour plusieurs mois, ils se pourvoient de bois pour aider le dessèchement des morues, de sel pour les conserver, de tonnes et de petits barils pour y renfermer les parties préparées de ces animaux; lorsqu'on est favorisé par le temps et qu'on a bien choisi le rivage, quatre hommes suffisent pour prendre chaque jour cinq ou six cents morues. Ce poisson est d'autant plus précieux que sa chair se prête mieux que celle de la plupart des autres aux opérations propres à la conserver longtemps mangeable. La *merluche*, la *lotte*, le *merlan*, sont encore des espèces de gades fort estimées pour leur chair.

On nomme **Pleuronectes** ou **Poissons plats** une famille de poissons de mer dont le corps est très-déprimé, et qui ont les yeux et les narines du même côté de la tête : ils nagent dans une position oblique. Le *turbot*, la *limande*, la *sole*, le *carrelet*, en sont des exemples très-connus.

La famille des **Discoboles**, ainsi nommée d'un disque formé par leurs nageoires ventrales réunies à la base, comprend les *échénéis*, remarquables entre tous les poissons par un disque aplati qu'ils portent sur la tête : une espèce célèbre est le *rémora*, qui, au moyen de ce disque, s'attache avec force à la peau des plus grands poissons, ou s'accroche à la carène des vaisseaux.

Dans la famille des **Percoïdes** sont quelques-uns des meilleurs et des plus beaux poissons. Qui ne connaît la *perche*, un des aliments les plus estimés que nous offrent les eaux douces ? et le *bar*, un des meilleurs poissons de mer ? Qui n'a entendu parler du *rouget* ou *mulle*, et du *surmulet*, aussi renommés par la richesse de leur parure que par l'excellence de leur saveur ? Un rouge de pourpre règne sur le dos du mulle, et, se mêlant à des teintes argentines qui brillent sur ses côtés et sur son ventre, y forme des nuances très-agréables ; ses nageoires resplendissent de divers reflets d'or. Mais cette beauté a quelquefois condamné le mulle, chez les Romains, à toutes les angoisses d'une mort lente et douloureuse : Pline rapporte que ses compatriotes, célèbres par leur richesse et abrutis par leurs débauches, mêlaient à leurs dégoûtantes orgies le plaisir de faire expirer entre leurs mains ce poisson, afin de jouir de la variété des nuances pourpres qui se succédaient, depuis le rouge jusqu'au blanc pâle, à mesure que l'animal passait par tous les degrés de la diminution de la vie ; le désir de ce spectacle cruel fit naître une telle fureur pour la possession des mulles, que les Romains construisaient à grands frais des appareils au moyen desquels les poissons arrivaient de leurs viviers jusque sur la table, dans des vases transparents, où ils cuisaient sous les yeux des convives. Ces poissons devinrent extrêmement chers dans ce temps de dépravation, et l'on cite un Asinius Celer qui acheta un mulle huit mille sesterces, c'est-à-dire environ quinze cents francs de notre monnaie.

On admire aussi les couleurs de l'*holocentre :* son dos et ses flancs offrent un beau rouge sur un fond d'argent, ce qui, sous certains aspects, produit l'effet des plus beaux rubis. Ce fond rouge est relevé de sept ou huit lignes dorées. Vers le bas viennent ensuite deux ou trois lignes argentées, et tout le dessous est d'un blanc d'argent.

La *vive*, ainsi nommée de ce qu'elle a la vie dure et qu'elle peut subsister assez longtemps hors de l'eau, est remarquable par les piquants assez redoutables dont elle est armée.

La famille des **Mugiloïdes** a pour genre le plus intéressant le *muge* (appelé vulgairement *mulet*), d'une chair très-estimée

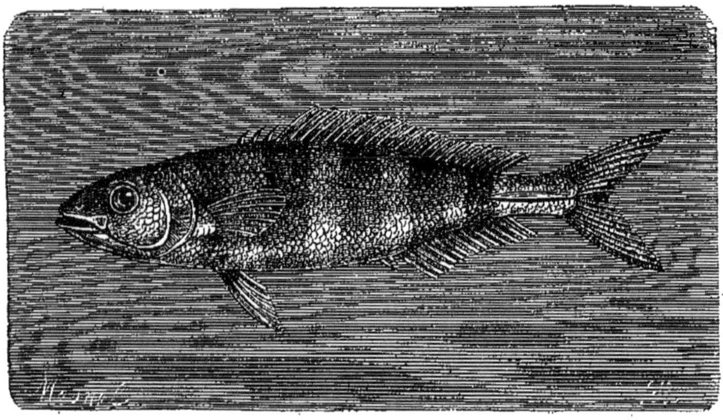

Fig. 157. — Le pilote.

et qu'on pêche en quantité sur les côtes de la Provence, de la Corse et de l'Italie.

Il existe dans l'Inde un poisson singulier voisin des deux familles précédentes et nommé *anabas* ou *sennal*, qui peut vivre hors de l'eau pendant quelque temps : on le voit ramper sur la terre et grimper sur les arbres au moyen de ses nombreuses épines.

La famille des **Scombéroïdes** comprend des poissons de mer très-estimés, parmi lesquels on distingue les *scombres*, c'est-à-dire les *maquereaux* et les *thons*. Ceux-ci parviennent à une grandeur considérable, et leur chair peut être facilement conservée ; ils suivent fréquemment les vaisseaux durant de longs voyages. — Le *pilote* est un autre poisson qui accompagne avec non moins d'assiduité les vaisseaux, pour s'emparer de ce qui tombe ; et, comme le requin a aussi cette habitude, on dit qu'il sert de *pilote* au requin : quelques observateurs prétendent qu'il est réellement le guide et le pourvoyeur de son vorace compagnon.

Les *espadons*, dans la même famille, ont un museau semblable à une lame d'épée et avec lequel ils ont quelquefois involontairement percé la coque des navires ; quoique ce soient de grands et forts poissons, ils ont des habitudes assez douces, et se contentent généralement d'une nourriture végétale. Une espèce d'espadon, connue sous le nom de *voilier*, a les nageoires du dos très-élevées et formant une sorte de voile, avec laquelle ce poisson prend le vent quand il nage à la surface de l'eau.

Dans la famille qui porte le nom trop scientifique de **Pectorales pédiculées**, on distingue les *baudroies* ou *raies pêcheresses*, remarquables par la grosseur disproportionnée de leur tête hérissée d'épines, par leur large bouche armée de dents en crochets extrêmement pointues, et par les longs filets mobiles dont elles se servent pour tendre des embûches aux poissons plus petits.

Les *labres*, qui donnent leur nom à la famille des **Labroïdes**, ont une forme élégante, une grande variété de couleurs et une agilité extrême. Un des plus remarquables est le *filou*, curieux par l'extension qu'il peut donner à son museau, dont il fait subitement un tube pour saisir les petits poissons qui nagent à sa portée : il se trouve dans l'Océan indien. — C'est aussi dans la même mer qu'habitent les *scares*, ou *poissons perroquets*, qui brillent de couleurs charmantes.

Jusqu'ici nous n'avons vu que des poissons à arêtes dures, c'est-à-dire des POISSONS OSSEUX ; voici maintenant des poissons qui n'ont pas de véritables os, mais de simples cartilages, et qu'on appelle, à cause de cela, POISSONS CARTILAGINEUX.

Il est une famille qu'on nomme les **Suceurs** parce qu'ils ont la propriété de coller avec force le disque charnu de leur bouche contre les corps solides, comme pour les sucer, et ils s'y fixent ainsi fortement. Leur corps est long, arrondi, dénué d'écailles, et assez semblable à celui d'un grand ver ou d'un serpent. Le principal de ces poissons est la *lamproie*, qui habite généralement dans la mer, mais qui entre au printemps dans les fleuves ; elle peut vivre assez longtemps hors de l'eau.

La famille des **Sélaciens** contient les plus grands poissons,

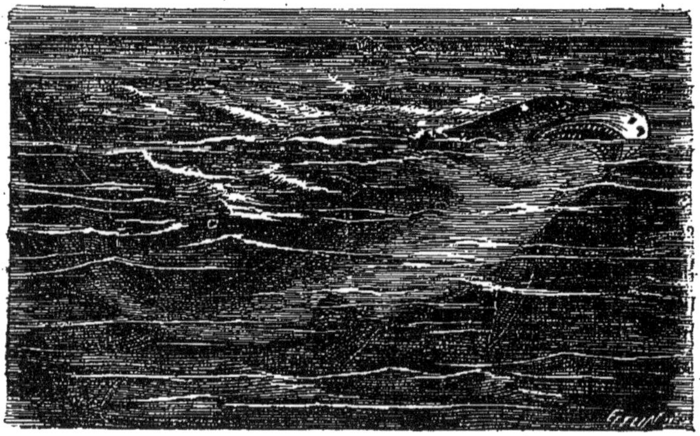

Fig. 158. — Requin.

les *squales* ou *chiens de mer*[1] ; leur peau, hérissée d'aspérités très-dures, est employée à polir diverses matières, et l'on en fabrique une espèce de chagrin dont on revêt les boîtes et les gaînes. Le plus célèbre squale est le *requin*, connu par sa voracité et sa force : heureusement il ne se tient, en général, que dans les fonds de la haute mer. — La *scie*, qui a beaucoup de rapport avec le requin, est remarquable par son museau osseux, aplati et denté, avec lequel elle attaque la baleine elle-même.

Un autre poisson bien étrange de la même famille est la *chi-*

[1] On verra plus loin que la baleine, qui est beaucoup plus grosse que les squales, n'appartient pas à la classe des poissons.

mère, reconnaissable à la bizarrerie et à l'agilité de ses mouvements, à la mobilité de sa queue très-longue et très-déliée, et à la manière dont elle remue les différentes parties de son museau, toutes souples et flexibles : sa queue rappelle la forme d'un reptile ; sa tête et ses nageoires lui donnent quelque res-

Fig. 159. — Chimère.

semblance avec un lion ; voilà pourquoi on lui a donné le nom de l'animal que les anciens représentaient avec une tête de lion et une queue de serpent. On appelle la chimère *le roi des harengs :* elle poursuit et tyrannise sans cesse, en effet, les innombrables légions de harengs au milieu des mers glacées où elle se plaît.

Les *raies*, moins redoutables, et plus utiles pour l'homme, ont le corps plat, arrondi, terminé par une queue grêle. Parmi ces poissons, on distingue la raie bouclée, dont le corps est couvert d'un grand nombre de tubercules osseux, surmontés chacun d'une grosse épine. C'est aussi aux raies qu'appartient la *torpille*, célèbre, comme les gymnotes et les malaptérures, par les commotions électriques dont elle frappe ses ennemis.

La famille des **Sturioniens** renferme les *esturgeons*, sou-

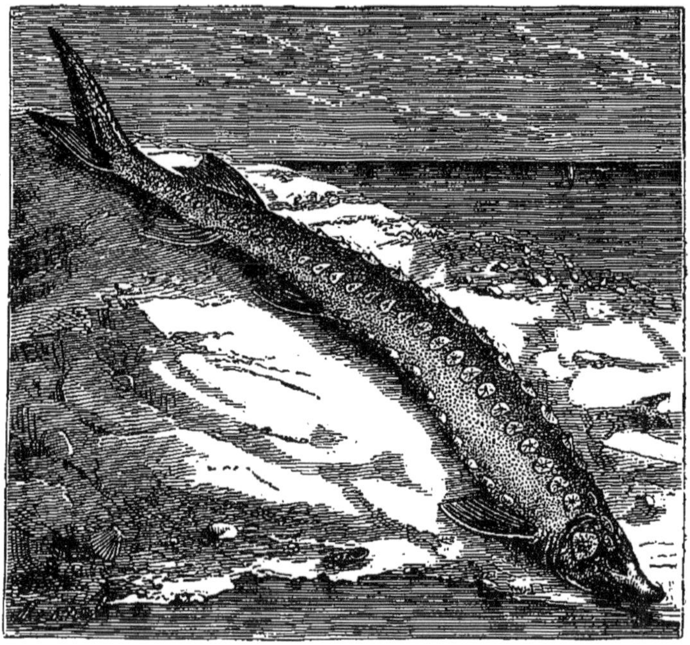

Fig. 160. — Esturgeon.

vent aussi grands que les squales, auxquels ils ressemblent un peu ; mais ils ont des inclinations plus paisibles, et leur bouche ne présente, au lieu de dents, que des cartilages assez faibles. C'est un des poissons les plus estimés pour leur chair, et ils se trouvent dans toutes les mers et dans presque tous les grands fleuves, qu'ils remontent au printemps. C'est avec les œufs du *grand esturgeon*, ou *huso*, que les habitants de la Russie méridionale composent le caviar, préparation très-employée comme aliment; et l'on fait de l'excellente *colle de poisson* avec sa vessie natatoire[1]. Cette espèce habite la mer Caspienne et la mer Noire, et remonte le Volga, le Dnieper, etc.

REPTILES.

Les Reptiles tirent leur nom d'un mot latin qui signifie *ramper ;* beaucoup d'entre eux, dépourvus de membres, ne se meuvent en effet qu'en *rampant*, et ceux mêmes qui possèdent des pattes les ont si courtes que leur ventre traîne à terre et qu'ils semblent ramper. Leur sang est rouge, mais froid ; ils sont au-dessus des poissons par leur organisation, car ils ont un larynx et peuvent produire des cris. Quoiqu'ils respirent comme les autres animaux terrestres, ils jouissent de la faculté de plonger très-longtemps dans l'eau et de rester enfouis dans la vase ou dans des trous inaccessibles à l'air. Ils peuvent rester un temps considérable sans prendre de nourriture, et ils passent l'hiver dans un profond engourdissement. La propriété que la plupart ont de vivre aussi facilement dans l'eau que sur le sol leur a valu le nom d'*amphibies*[2].

Les reptiles sont supérieurs, pour les facultés intellectuelles, aux animaux que nous avons déjà vus, et leurs mœurs offrent beaucoup d'intérêt. Cependant ils inspirent généralement de la répugnance par leur physionomie souvent disgracieuse et à cause du venin violent que plusieurs possèdent dans des glandes situées sous l'œil.

On divise les reptiles en quatre ordres : les *Batraciens*, les *Serpents*, les *Lézards* et les *Tortues*.

Les **Batraciens** sont soumis à des métamorphoses analogues à celles des insectes : ils font des œufs disposés en longs chapelets, et d'où sortent des petits qui ont d'abord la forme de poissons ; ces petits êtres, nommés têtards, vivent assez long-

[1] Cette vessie, commune à la plupart des poissons, se remplit d'air : elle est susceptible de se dilater et de se comprimer ; elle sert à les faire monter ou descendre dans l'eau.

[2] Ce mot, tiré du grec, signifie *double vie.*

temps uniquement dans l'eau. Puis l'animal acquiert des pattes, et on le voit sortir de son élément liquide, sauter ou marcher sur le sol, mais se tenant toujours dans les endroits humides, et rentrant fréquemment dans son premier séjour.

Parmi les batraciens, on remarque les *grenouilles*, qui nous importunent par leur bruyant coassement ; les *rainettes*, qui peuvent grimper sur les arbres, et les *crapauds*, dont l'aspect est si repoussant : le corps de ces derniers est couvert de pustules d'où sort une humeur fétide et venimeuse : ils lancent avec force leur urine sur les ennemis qui les attaquent. On les voit aussi alors gonfler prodigieusement leur ventre, mais c'est un simple effet de la peur, qui suspend leur respiration : cette accumulation de l'air dans leurs poumons les rend élastiques comme une sorte de ballon, et leur permet de résister à des chocs assez forts.

Les crapauds paraissent exister facilement dans des trous parfaitement fermés, sans air et sans nourriture : on en a rencontré de vivants dans l'épaisseur de grosses pierres et au milieu de volumineux troncs d'arbres, où ils devaient être renfermés depuis bien des années. Un phénomène non moins étrange, ce sont les pluies de crapauds qu'on a souvent observées. On pourrait, en vérité, douter d'un fait aussi étonnant, et croire que c'est simplement par l'effet d'une pluie d'orage qu'éclosent sur le sol un grand nombre de ces animaux, si des observations certaines ne faisaient voir qu'ils tombent réellement des nues. Voici à ce sujet une relation aussi positive que curieuse :

« J'étais, dit le professeur Pontus, dans la diligence d'Albi à Toulouse ; un nuage très-épais couvrit subitement l'horizon, et le tonnerre se fit entendre avec éclat. Ce nuage creva sur la route, à 120 mètres du point où nous étions. Deux cavaliers qui revenaient de Toulouse, et qui se trouvaient exposés à l'orage, furent obligés de mettre leur manteau pour s'en garantir, mais ils furent bien surpris, et même effrayés, lorsqu'ils se virent assaillis par une pluie de crapauds. Ils hâtèrent leur marche, et s'empressèrent, dès qu'ils eurent rencontré la dili-

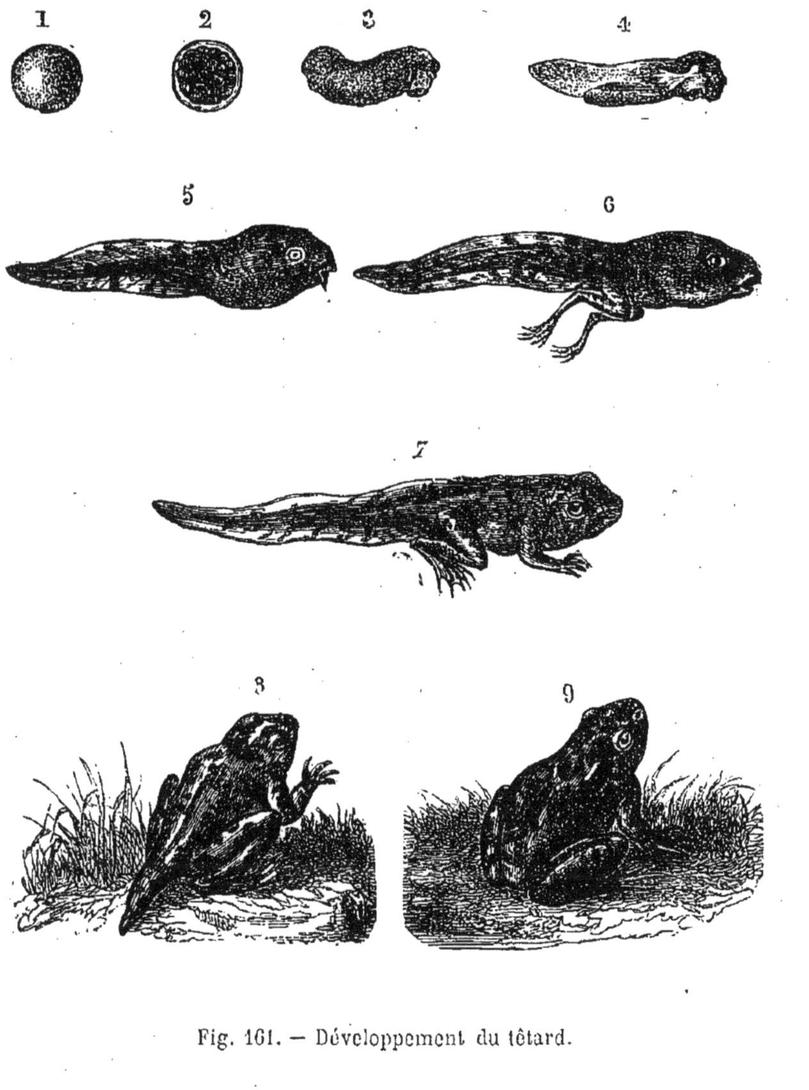

Fig. 161. — Développement du têtard.

1-2. Œufs de grenouille.
3. Premier âge du têtard.
4. Apparition des branchies respiratoires.
Développement des branchies.
6. Formation des pattes postérieures.
7. Formation des pattes antérieures.
8. Développement des poumons, réduction de la queue.
9. Grenouille parfaite.

gence, de nous raconter ce qui venait de leur arriver. Je vis encore sur leurs manteaux de petits crapauds qu'ils firent tomber en les secouant devant nous. La diligence eut bientôt atteint le lieu où le nuage avait crevé, et c'est là que nous fûmes témoins d'un phénomène bien rare et bien extraordinaire. La

Fig. 162. — Crapaud.

grande route et tous les champs qui la longeaient à droite et à gauche étaient jonchés de crapauds; j'en vis jusqu'à trois ou quatre couches superposées les unes sur les autres. Les pieds des chevaux et les roues de la voiture en écrasèrent plusieurs milliers. Nous voyageâmes sur ce pavé vivant pendant un quart d'heure au moins, les chevaux allant au trot. »

Le crapaud vient souvent élire son domicile jusque dans l'intérieur de nos maisons, dans les celliers. On a rapporté l'histoire d'un de ces animaux qui, réfugié sous un escalier, s'était accoutumé à venir tous les soirs, aussitôt qu'il apercevait de la lumière, dans une salle à manger voisine : il se laissait prendre et placer sur une table, où on lui donnait des vers, des mouches et d'autres insectes; il semblait même, par son attitude, demander à être mis à sa place, lorsqu'on négligeait de l'y installer. Il vécut ainsi trente-six ans, et mourut par suite d'un accident.

Les crapauds rendent quelque service, dans les jardins, en

Fig. 163. — Pipas.

mangeant des limaces et des insectes nuisibles ; cependant ils attaquent eux-mêmes certains fruits et particulièrement les fraises.

Les *pipas*, dans l'Amérique méridionale, ressemblent beaucoup aux crapauds ; ils sont célèbres par la manière dont ils élèvent leurs petits : ceux-ci vivent, à l'état de têtards, dans des cellules qui se creusent naturellement sur le dos de la mère.

Les animaux dont nous venons de parler sont privés de queue, et se meuvent sur le sol en sautant ; mais il y a d'autres batraciens qui possèdent une queue et qui s'avancent en marchant. Le plus remarquable est la *salamandre*, qui porte sur les côtés une rangée de verrues d'où suinte une liqueur laiteuse : on lui a attribué à tort la propriété de pouvoir vivre dans le feu. — Le *triton*, qu'on appelle aussi salamandre aquatique, est connu par la faculté étonnante qu'il a de reproduire les parties mutilées de son corps ; on a vu ses membres coupés repousser plusieurs fois de suite.

Occupons-nous maintenant des **Serpents.** Ce nom fait naître aussitôt des idées de crainte et de déplaisir. En effet, ce sont des reptiles souvent redoutables, et leur aspect a, en général, quelque chose de menaçant : leur gueule est très-fendue ; ils dardent avec vivacité leur langue divisée en plusieurs pointes ; les yeux de la plupart, privés de paupières distinctes, paraissent fixes et étincelants ; leur cri est un sifflement aigu ; ils enlacent avec force leur ennemi dans les replis de leur long corps ; enfin plusieurs sont doués d'un venin terrible.

Les Serpents venimeux sont de deux sortes : les uns font pénétrer leur venin dans la plaie par le moyen de dents maxillaires fixes et creusées en canal : tels sont les *hydres*, qu'on appelle aussi *serpents d''eau ;* on les voit, dans les beaux jours, sillonner en grand nombre la surface des mers équinoxiales, sans plonger profondément dans le liquide, et en élevant légèrement la tête au-dessus du niveau des lames.

Les autres serpents venimeux ont, au lieu de dents, des crochets mobiles en forme d'épine recourbée, et placés au bord extérieur de la mâchoire supérieure. Ces crochets sont percés d'un petit canal qui commmunique avec les glandes situées sous l'œil, et qui verse le venin dans la morsure ; l'animal peut à volonté les redresser ou les cacher dans la gencive. Le plus redoutable des serpents de cette sorte est sans doute le *crotale* ou *serpent à sonnettes*, qui habite l'Amérique septentrionale; il porte, au bout de la queue, des grelots, ou plutôt des cornets écailleux, enfilés les uns dans les autres, et qui résonnent quand l'animal fait le plus petit mouvement. Sa morsure fait périr un homme en quelques minutes. On rapporte que Drake, propriétaire d'une ménagerie à Rouen, fut blessé à la main par un serpent à sonnettes ; il eut le courage de s'emporter le doigt d'un coup de hache, mais sans succès : au bout de quelques instants, il succomba aux efforts du venin. La subtilité de ce venin se conserve pendant un temps presque in-

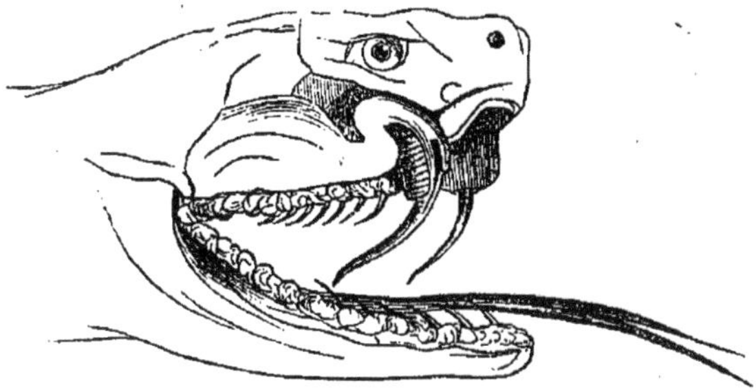

Fig. 164. — Crochets de vipère.

fini dans les corps où il a été introduit; voici un fait qui le prouve: Un homme fut mordu à travers ses bottes et mourut; ces bottes furent successivement vendues à deux personnes, qui moururent également ; et elles auraient sans doute produit encore d'autres victimes, si l'on ne s'était aperçu que l'extrémité d'un crochet venimeux était restée engagée dans le cuir. Les crotales se tiennent dans les lieux marécageux, dans les broussailles ; ils se nourrissent ordinairement de petits animaux, tels que des rats ou des oiseaux, qu'ils saisissent en s'élançant sur eux au moyen de leur corps roulé en spirale et dont ils développent les replis avec la force et la rapidité du trait; mais ils rampent lourdement et lentement ; aussi l'homme évite-t-il facilement leur poursuite. D'ailleurs on est prévenu de leur agression par le mouvement et le bruit de leur queue, qu'ils agitent quelques instants avant de s'élancer. Ces animaux paraissent susceptibles d'être influencés d'une manière singulière par le son d'instruments à vent. Chateaubriand raconte qu'un serpent à sonnettes, prêt à se précipiter furieux sur un jeune Canadien, s'apaisa tout à coup aux sons de la flûte de celui-ci ; il se mit à ramper sur les traces du musicien, s'arrêtant lorsqu'il s'arrê-

Fig. 165. — Serpent à sonnettes.

rêtait, et continuant à le suivre aussitôt qu'il commençait à s'éloigner. On est même parvenu quelquefois à apprivoiser ces dangereux reptiles : un médecin de Nantes possédait, il y a quelques années, un crotale qui vivait absolument libre, et qui, sortant de sa retraite aussitôt qu'on l'appelait, venait manger sur la table sans s'effrayer des étrangers qui le regardaient, et sans chercher à nuire.

Le *cuaima* est un autre dangereux serpent d'Amérique, commun surtout au Vénézuéla.

Les *bongares*, dont le venin a aussi une action très-prompte, habitent le sud de l'Asie.

Les *élaps*, répandus dans les parties équinoxiales de l'Ancien et du Nouveau Monde, sont d'autres serpents venimeux qui se distinguent par la variété et la vivacité de leurs couleurs.

Le *serpent fil*, dans l'Australie, est à peine long de 20 à

Fig. 166. — Vipère.

25 centimètres, et cependant il occasionne la mort en quelques instants.

L'*acanthophis bourreau* ou *serpent noir*, qui vit dans la même région, est également fort dangereux.

On donne le nom de *vipères* à un grand nombre de serpents venimeux, qui diffèrent assez les uns des autres. La *vipère commune*, celle qui habite notre climat, se reconnaît à sa tête triangulaire couverte de petites écailles, et à sa couleur brune ou verdâtre en dessus, ardoisée sous le ventre, avec une ligne noire en zigzag sur le dos et une rangée de taches noires de chaque côté. La *vipère naja*, qui habite l'Afrique et le sud de l'Asie, comprend deux variétés célèbres : l'une est l'*aspic* ou *hajé*, dont le nom rappelle la mort de Cléopâtre ; l'autre est la *vipère à lunettes*, ainsi appelée d'un trait noir qui, disposé au-dessus du cou, représente assez bien une paire de lunettes.

Les Serpents non venimeux, plus nombreux que les autres, ne sont pas tous sans danger pour l'homme : car ils atteignent souvent une taille et une force qui les rendent redoutables,

Fig. 167. — Couleuvre.

tels sont les *boas*, aussi remarquables par leur agilité que par la grandeur de leur corps, long quelquefois de plus de 10 mètres. On les trouve dans les contrées équinoxiales. Ils se nourrissent de petits quadrupèdes, parfois même de gazelles, de chèvres, de biches, qu'ils avalent après leur avoir brisé les os. Mais ils ont des habitudes apathiques, et demeurent fréquemment dans un engourdissement stupide, qui diminue le danger qu'ils peuvent offrir. On raconte, et nous citons le fait sans le garantir, que quatre-vingts soldats, marchant dans une épaisse forêt de la Guyane, montèrent les uns après les autres sur une sorte d'élévation qui se trouvait sur leur route, et qu'ils prirent pour un gros arbre tombé, mais qu'ils sentirent ensuite mouvoir sous leurs pieds : c'était un énorme boa ! On mange dans quelques pays la chair de ces serpents, et l'on tanne leur cuir pour en faire des selles et des bottes.

Les *couleuvres*, fort communes en Europe, sont d'autres serpents sans venin, qui se distinguent par l'élégance de leurs formes et la vivacité de leurs couleurs. Au premier abord, on pourrait les prendre pour des vipères; mais, avec un peu d'attention, on les reconnaît à leur tête ovale et non triangulaire, et aux plaques doubles, ou rangées par paires, qu'elles ont au-dessus de la queue. La couleuvre la plus répandue dans nos climats est la *couleuvre à collier*, qu'on mange, dans quelques pays, sous le nom d'anguille de haies.

Nommons encore, parmi les serpents non venimeux, le *tropinotus*, qui vit à Java, et qui est orné de belles couleurs.

Les **Lézards**, qu'on nomme aussi **Sauriens**, ont le corps très-allongé et porté sur des jambes fort basses, ordinairement au nombre de quatre : quelquefois cependant il n'y en a que deux.

Les plus grands sont les *crocodiles*, qui ne vivent que dans les pays chauds. Leur corps est couvert d'écailles osseuses dont la réunion forme une sorte de cuirasse très-dure et très-épaisse. Leur vaste gueule est armée de dents nombreuses et fort longues, et ils ont un penchant cruel et carnassier ; mais ils sont en général peu redoutables sur le sol, à cause de leur peu d'agilité; leurs mouvements sont plus vifs et plus aisés dans l'eau.

On distingue plusieurs espèces de crocodiles : il y a le *crocodile du Nil*, ou *khampsès*, reconnaissable à son museau déprimé et oblong, et aux crêtes dentelées placées sur sa queue; — le *crocodile du Gange*, ou *gavial*, dont le museau est grêle et très-allongé; — le *crocodile d'Amérique*, appelé *caïman* ou *alligator*, qui a le museau large et court.

Les crocodiles se mettent ordinairement en embuscade dans les roseaux, restant immobiles, la gueule largement béante; cette cavité semble un corps inerte près duquel ou sur lequel les animaux qui viennent se désaltérer aux eaux voisines croient pouvoir passer impunément : erreur fatale aux gazelles, aux chacals et à maint autre quadrupède.

Sur les bords du lac de Nicaragua, en Amérique, un alligator poursuivait un Anglais qu'il avait surpris sur le rivage. L'animal gagnait sur lui du terrain et il allait atteindre sa proie, lorsque des Espagnols crièrent au voyageur de courir en décrivant un cercle. Heureusement averti, et ayant mis l'avis

Fig. 168. — Lézard.

en pratique, notre Anglais parvint à dérouter le monstre et à échapper à tout danger.

Dans la chasse qu'on fait au crocodile, on a vu, quelquefois, dit-on, des hommes hardis, et même des enfants, plonger dans l'eau près de l'animal, l'atteindre, monter sur son dos, lui passer un bâillon dans la gueule, et le diriger vers le rivage pour l'y tuer. On mange dans quelques lieux la chair de ce reptile; mais elle a une désagréable odeur de musc. Son cuir est quelquefois employé.

Les *lézards proprement dits*, qui se logent en si grand nombre dans les fentes des vieilles murailles, sont presque semblables aux crocodiles par leur forme générale : mais leur petitesse, leur agilité, leurs mœurs douces, les en distinguent suffisamment. Le *lézard gris*, surtout, est inoffensif; le *lézard vert* peut faire quelque mal au moyen de ses dents crochues.

Les *iguanes* ont beaucoup de rapport avec les lézards proprement dits : mais ils n'habitent que les régions chaudes, et ils portent une crête sur le dos ; sous leur gorge est un fanon ou goître denté comme une scie : ce sont de jolis animaux,

Fig. 169. — Iguane.

fort innocents. — Les *basilics* ressemblent singulièrement aux iguanes : celui de la Guyane se distingue par une espèce de capuchon revêtu d'écailles, et d'environ un pouce de hauteur ; il vit sur les arbres, et saute de branche en branche pour atteindre les petits fruits, les graines, les insectes.

Il existe dans le midi de l'Asie de petits lézards fort doux qui s'appellent *dragons ;* ce nom rappelle des monstres que l'imagination poétique des anciens se représentait avec un corps de serpent formant de longs et tortueux replis, avec des crêtes hérissées d'aiguillons, des serres ou des griffes menaçantes, des yeux étincelants, une gueule vomissant de la flamme, enfin avec des ailes figurées comme de grandes nageoires, et à l'aide desquelles ils fendaient précipitamment les airs. Les dragons véritables n'ont rien de tout cet aspect effrayant : ils possèdent seulement des espèces d'ailes disposées en parachutes et formées par une extension de la peau des flancs : grâce à ces organes, l'animal se soutient facilement en l'air, lorsqu'il s'élance d'une branche à une autre.

Les *chlamydosaures*, dans l'Australie, portent aussi un pa-

Fig. 170. — Dragon.

rachute ; mais il est plus près de la tête, et ressemble à une large collerette ou pèlerine.

Les *geckos* sont de petits animaux inoffensifs, mais d'un aspect hideux, qui habitent les parties chaudes de l'ancien continent. Ils ont la tête et le ventre très-aplatis; leurs doigts sont munis d'ongles aigus, au moyen desquels ils se cramponnent aux corps les plus lisses.

Enfin c'est encore parmi les lézards qu'on place les *caméléons*, petits animaux célèbres par leurs changements de couleur. Leur tête est triangulaire et quelquefois surmontée de trois cornes : leur langue est gluante et longue, et ils la dardent subitement sur les insectes dont ils se nourrissent. On les voit continuellement perchés sur des branches d'arbrisseaux ou sur des pierres, où ils restent immobiles durant des heures entières. Leur couleur est naturellement d'un vert grisâtre; mais elle change selon leurs passions et leurs besoins, et peut passer au jaune clair, au vert foncé rougeâtre et violacé, au brun, et même au noir. Leurs yeux jouissent de la propriété de

Fig. 171. — Caméléon.

se mouvoir tout à fait indépendamment l'un de l'autre, et de se diriger même en sens opposé. Les caméléons n'habitent que les contrées chaudes de l'ancien continent. L'Espagne est le seul pays d'Europe où on les rencontre.

Les **Tortues**, qu'on appelle aussi **Chéloniens**, ont une apparence fort différente de celle des autres reptiles ; leur corps, court et globuleux, est renfermé dans un double bouclier osseux, qui ne laisse passer au dehors que la tête, le cou, la queue et les quatre pieds. Le bouclier de dessus se nomme carapace, et le bouclier de dessous, plastron ; ils sont unis l'un à l'autre, en sorte que l'animal paraît être dans une coquille. Ces deux enveloppes sont recouvertes d'une écaille tantôt molle, tantôt solide, et qui se renouvelle de temps en temps. Les tortues sont très-vivaces, ont besoin de peu de nourriture, et peuvent passer des mois entiers et même des années sans manger. Leurs mouvements sont extrêmement lents, leur intelligence est très-bornée ; cependant elles se creusent des trous, au moyen de

Fig. 172. — Tortue de mer.

leur tête et de leurs pieds de devant, pour se retirer pendant la mauvaise saison. Elles ont pour tout cri un léger sifflement. Ces animaux ne sont pas malfaisants, et la plupart offrent dans leur chair ou leurs œufs un aliment sain, et dans leur écaille une matière fort employée dans l'industrie.

Les plus grandes tortues sont les TORTUES DE MER OU CHÉLONÉES, qui ont les pieds étalés en nageoires, et qui vivent ordinairement par troupes dans les mers chaudes ; elles ne viennent guère à terre que pour y déposer leurs œufs. On en voit dont la longueur est de deux ou trois mètres. L'espèce la plus multipliée des tortues de mer est celle qu'on appelle *tortue franche*, *verte ou noire;* c'est aussi celle qui donne la chair et les œufs les plus estimés.

La *tortue caret*, *tuilée*, ou *bec à faucon*, est aussi une espèce marine qui a la teinte brune, marbrée de taches rougeâtres et jaunâtres. Ce sont les plaques de sa carapace qui fournissent l'*écaille* la plus recherchée.

La *tortue à cuir*, commune dans la Méditerranée, s'appelle

Fig. 175. — Tortue de terre.

aussi *tortue luth*, et tire son nom de ce que les anciens avaient d'abord, dit-on, construit le luth avec sa carapace.

Il y a des TORTUES D'EAU DOUCE, désignées sous le nom général d'ÉMYDES ; elles se tiennent habituellement dans le voisinage des rivières ou des marais et s'y élancent en sautant. Leur carapace n'est pas aussi épaisse ni aussi dure que celle des autres chéloniens.

Les TORTUES DE TERRE se distinguent des autres par une carapace bombée, sous laquelle la tête et les pieds de l'animal peuvent se retirer entièrement, propriété dont ne jouissent pas les tortues aquatiques. Elles sont fort répandues dans tous les pays chauds : la plus commune en Europe est la *tortue grecque*, qu'on trouve en Grèce, en Italie, en Sardaigne.

OISEAUX

Voici une classe d'animaux plus agréable à étudier que la précédente. Leur plumage souvent élégant et gracieux, leurs chants variés et gais, nous font généralement aimer les oiseaux. Il semble même quelquefois que nous pourrions envier leur sort, quand nous les voyons parcourir en liberté les vastes espaces de l'air, se transporter rapidement d'un pays à un autre et franchir avec facilité les lieux les plus inaccessibles pour nous. Mais il faut remarquer aussi qu'une foule de dangers les menacent, car la plupart sont petits et faibles ; les autres animaux les poursuivent continuellement, et ils n'ont pas d'ennemi plus redoutable que l'homme lui-même, qui trouve dans leur chair un aliment agréable, et qui se plaît à les emprisonner pour jouir de plus près de leurs gentilles chansons, ou de leur belle parure, ou de l'admirable sollicitude avec laquelle ils se livrent à l'éducation de leurs petits.

On distribue les oiseaux en sept ordres : les *palmipèdes* ou les *oiseaux nageurs ;* les *échassiers ;* les *brévipennes ;* les *gallinacés ;* les *grimpeurs ;* les *passereaux*, et les *oiseaux de proie*.

Les **Palmipèdes** ou **Oiseaux nageurs** se reconnaissent surtout à leurs pieds très-courts et palmés, c'est-à-dire qu'ils ont les doigts unis par une membrane, de manière à figurer une main ouverte [1]. Cette disposition leur permet de nager facilement. Leur bec est généralement large et aplati ; leur plumage, très-serré, est imbibé d'un suc huileux qui le garantit contre l'humidité.

Les palmipèdes les plus extraordinaires sont assurément les *manchots*, qui habitent les mers du Sud. Leurs ailes, impropres

[1] En latin, *palma* signifie *main* ou *paume* de la main.

au vol, sont très-petites, garnies de peu de plumes, et assez semblables à des nageoires de poisson. Ils ont quelquefois jusqu'à quatre pieds de hauteur. Lorsqu'ils viennent sur la terre, on voit leurs groupes assez nombreux marcher droit, la tête élevée, et en files régulières : un voyageur les a comparés alors à une troupe d'enfants de chœur en camail. Aussitôt qu'ils s'aperçoivent qu'on cherche à les approcher, l'un d'eux donne

Fig. 174. — Manchot.

le signal de la fuite, ils se traînent sur le ventre pour éviter plus promptement les atteintes de l'ennemi, ils gagnent la mer et plongent à l'instant ; mais, si l'on parvient à leur couper la retraite, on les saisit facilement. Les manchots creusent la terre pour déposer leurs œufs et les faire éclore : ils font plutôt de véritables terriers que des nids, et ces trous sont très-profonds, Lorsqu'ils crient, on croit entendre un âne braire.

Les *pingouins*, dans les mers du Nord, ont beaucoup de rapport avec les manchots.

Les *plongeons*, les *grèbes*, se trouvent sur les eaux douces et salées de presque tous les pays du monde, mais surtout dans les régions du Nord.

Les *pétrels*, ou *oiseaux de tempête*, qu'on rencontre partout sur l'Océan, jouissent de la singulière propriété de courir sur les ondes, en frappant de leurs pieds avec une extrême vitesse la surface de l'eau.

Les *mouettes* ou *goëlands* sont des palmidèdes voraces et

Fig. 175. — Bec-en-ciseaux.

criards qui se tiennent en foule sur les rivages de toutes les mers.

Les *becs-en-ciseaux*, ou *coupeurs d'eau*, qu'on trouve sur les côtes orientales de l'Amérique, se distinguent de tous les oiseaux par la forme extraordinaire de leur bec, dont la mandibule supérieure est d'un tiers plus courte que l'inférieure.

Les *albatros*, qu'on appelle aussi *moutons du Cap* et *vaisseaux de guerre*, sont les plus grands et les plus massifs des oiseaux qui volent à la surface de l'Océan ; leurs ailes étendues ont jusqu'à trois ou quatre mètres d'envergure. Ils habitent les mers méridionales, surtout celles qui avoisinent le cap de Bonne-Espérance. Malgré leur grande taille, malgré leur force et leur bec puissant, les albatros sont des oiseaux lâches, qui se laissent battre et poursuivre par des espèces beaucoup plus faibles, comme les mouettes, auxquelles ils abandonnent leur butin

Fig. 176. — Cygne noir.

plutôt que de le leur disputer. Ils se nourrissent principalement de poissons, et les avalent avec tant de gloutonnerie qu'ils restent ensuite dans un état complet de stupidité, et qu'ils ne peuvent ni voler ni fuir à l'approche des barques qui les poursuivent. C'est à la surface même de la mer que ces oiseaux ont coutume de se reposer : ils peuvent y dormir, et passer ainsi des semaines, des mois entiers, sans voir la terre.

Les *frégates*, aux ailes démesurément larges, planent sur les mers sans nager.

Les *pélicans* sont d'autres grands oiseaux aquatiques, mais ils se perchent aussi volontiers sur les arbres. Ils sont remarquables par le grand sac membraneux qu'ils portent sous leur long bec, et qui leur sert à tenir de l'eau ou du poisson en réserve.

Les *cormorans*, très-voisins des pélicans, n'ont pas, comme ceux-ci, de sac sous le bec; ils sont d'un naturel triste et tranquille, et se tiennent par troupes sur les rochers qui bordent

Fig. 177. — Oie.

les eaux. Ils se laissent souvent approcher et prendre avec une stupidité qui a fait appeler une de leurs espèces *nigaud*.

Les *cygnes*, si admirables par leurs proportions nobles et élégantes, et qui nagent avec tant de grâce, aiment les contrées froides, et sont surtout nombreux en Islande. Leur blancheur éclatante est passée en proverbe; cependant on en trouve de noirs dans l'Australie.

Enfin n'oublions pas, parmi les principaux oiseaux nageurs, les *oies* et les *canards*, qui jouent un rôle si important dans nos basses-cours. Mais ces animaux se trouvent aussi en grand nombre à l'état sauvage; et alors ils habitent surtout dans les pays du Nord, que les rigueurs de l'hiver les forcent cependant d'abandonner pour des climats plus doux. Il y a peu d'oiseaux aussi intelligents, aussi utiles que l'*oie :* toutefois on la dédaigne généralement, et, par une grossière injustice, son nom est devenu une épithète injurieuse.—Quant aux *canards*, ils sont très-précieux par la finesse de leur duvet et par le bon aliment qu'ils fournissent. C'est dans la nombreuse race des canards qu'est compris l'*eider*, dont le duvet est connu sous le nom d'édredon : il recouvre de cette chaude matière son nid fait de

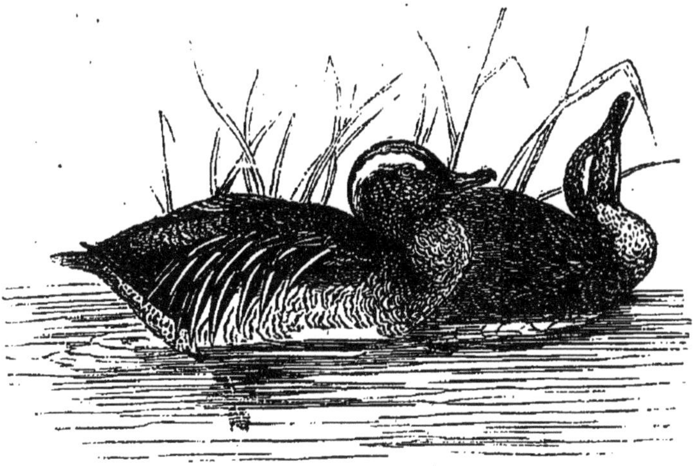

Fig. 178. — Canard.

fucus, et les hommes vont la chercher au péril de leur vie dans les fentes des rochers les plus escarpés. Cinq livres de ce duvet, qui forment, si on les entasse bien, une boule à peu près grosse comme les deux poings, peuvent, lorsqu'on les laisse libres, occuper un espace deux mille fois plus grand, et remplir le matelas d'un lit ordinaire. — Le *canard musqué* ou *de Barbarie*, remarquable par sa grosseur et la beauté de son plumage, ne vient pas de la Barbarie, comme on pourrait le croire, mais de l'Amérique, où il existe encore sauvage. — Le *sarcelle*, qui est un gibier excellent, appartient au genre du canard.

Les **Échassiers** sont des oiseaux qui fréquentent toujours les rivages de la mer ou des rivières, et qui ont reçu ce nom de la longueur démesurée de leurs pattes nues, semblables à de hautes échasses. La plupart exécutent de longs voyages périodiques. De tous les échassiers, la *grue* est celui qui entreprend les courses les plus lointaines, les plus hardies. Habitante du Nord en été, elle vient s'abattre en automne dans

Fig. 179. — Grue.

nos plaines marécageuses, puis passe en hiver dans les contrées plus chaudes, pour venir s'enfoncer dans les régions boréales au retour de la belle saison. Parmi les plus belles grues, il faut citer la *demoiselle de Numidie*, qui vit en Afrique, et qui doit son singulier nom à sa démarche élégante et dansante. La *grue couronnée*, qu'on appelle aussi *oiseau royal*, est plus belle encore · elle a le corps noir, les ailes blanches, et la joue variée de deux plaques rouges et blanches ; sa tête est surmontée d'une belle aigrette rougeâtre qui représente une sorte de couronne. Elle a aussi l'Afrique pour patrie.

Les *hérons* sont des animaux tristes et solitaires ; ils se tien-

Fig. 180. — Héron.

nent sur le bord de l'eau dans une attitude droite, le cou recourbé sur la poitrine, et la tête placée sur l'épaule et souvent en partie recouverte par les plumes : dans cette position, ils attendent leur proie, et se précipitent sur elle aussitôt qu'elle paraît ; ou bien, entrant en partie dans la vase, et plaçant leur bec entre leurs deux jambes, ils épient leur proie patiemment ; si un poisson ou un petit reptile vient à passer, ils déploient leur long cou avec une rapidité extraordinaire, et percent la proie de leur bec. Lorsque, poursuivi par l'aigle ou quelque autre grand oiseau de proie, le héron s'est élevé inutilement dans les plus hautes régions de l'air, on assure qu'il passe sa tête sous l'aile, et présente à son ennemi son bec fort et pointu, contre lequel celui-ci vient se percer dans

Fig. 181. — Agami.

l'impétuosité de son vol. Parmi les hérons, on distingue le *butor*, qui, caché dans les joncs au milieu des lacs, reste immobile pendant des heures, regardant autour de lui, dans la crainte d'être surpris. Son cri est effrayant.

Les *vanneaux* sont de petits échassiers de passage, qui vivent par troupes dans les prairies humides, et sont sans cesse en mouvement. Ils viennent en France au commencement de mars et s'en vont en octobre.

L'*agami* est un échassier d'Amérique qui n'habite que les lieux secs et élevés, malgré sa conformation d'oiseau de rivage; il se laisse facilement réduire en domesticité, et il y devient très-intéressant; il reconnaît son maître, et se prend

Fig. 182. — Cigogne.

pour lui d'une affection dont, en général, les oiseaux sont peu susceptibles; il s'afflige de son absence, et fête son retour par de brusques démonstrations de joie. Dans la basse-cour, il s'arroge bientôt un pouvoir absolu; dressé avec soin, il devient un guide et un défenseur intrépide pour les autres oiseaux domestiques et même pour les moutons : il les conduit au pâturage, les surveille, les ramène, et maintient l'ordre parmi eux.

Les *cigognes* sont encore un des plus intéressants échassiers ; celles qu'on voit en Europe n'y passent que l'été, et se rendent, pendant l'hiver, en Afrique et en Asie. Au moment de changer de lieu, elles se rassemblent ; toutes celles qui s'étaient établies dans la même contrée se recherchent. Lorsque la troupe est réunie, elle part à un signal donné, et se dirige vers le pays qu'elle a choisi.

Les *flammants*, qui habitent les contrées chaudes, sont remarquables par leur belle couleur rose, mêlée de rouge vif. La manière dont nichent ces oiseaux est fort curieuse : leurs longues jambes ne leur permettent pas de s'accroupir pour couver ; ils élèvent, dans leurs marécages, de petites mottes de terre, et c'est sur le sommet concave de ces sortes de piliers qu'ils déposent leurs œufs.

Fig. 183. — Ibis.

L'*ibis* est un autre échassier des pays chauds ; il a le bec arqué et très-allongé. L'espèce la plus célèbre est l'*ibis sacré*, vénéré des anciens Egyptiens, à cause des prétendus services qu'il leur rendait : il détruisait, disait-on, les serpents ailés et venimeux qui, tous les ans, au commencement du printemps, partaient de l'Arabie pour pénétrer en Égypte : l'ibis allait à leur rencontre, dans un défilé où ils étaient forcés de passer, et là il les attaquait et les détruisait tous : mais c'est une fable, et il est probable que cet oiseau n'a été l'objet de tant de respect en Égypte que parce que son apparition dans cette contrée annonçait l'heureux événement du débordement du Nil. On le regardait comme une divinité, on l'élevait dans les temples, on le laissait errer librement dans les villes, on punissait de mort celui qui en aurait tué un ; enfin on l'embaumait avec soin, et plusieurs momies en ont été conservées jusqu'à nos jours.

Les *bécasses* et les *bécassines*, au bec très-long aussi, mais droit, aiment les pays du Nord. — Les *bécasseaux* se tiennent à peu près dans les mêmes climats : on distingue, parmi eux, les singuliers *paons de mer* ou *combattants*, remarquables par leurs habitudes et leur apparence belliqueuses, et par les longues plumes qui forment sur leur poitrine et leur cou une sorte de bouclier. — Le *savacou*, propre à l'Amérique méridionale, est curieux par la bizarrerie de son large bec formant deux cuillers appliquées l'une contre l'autre.

Le *kamichi* ou *chavaria*, qui se plaît dans les marécages de l'Amérique méridionale, porte sur la tête une espèce de corne toute droite, et aux ailes une paire d'éperons ; sa voix, forte et retentissante, a quelque chose de terrible. Malgré tout cet appareil effrayant, c'est un oiseau doux et paisible.

Nommons encore, parmi les échassiers, les *râles*, répandus partout, fort bons à manger, et dont une espèce est vulgairement nommée le *roi des cailles*, quoiqu'il ne ressemble pas aux cailles ; mais son arrivée annonce celle de ces oiseaux. Les *poules d'eau*, communes dans nos étangs, sont très-voisines des râles.

On nomme **Brévipennes** (c'est-à-dire *ailes courtes*) des oiseaux qui n'ont que des ailes fort peu développées relativement à leur corps et qui, incapables de voler, courent du moins extrêmement vite à l'aide de ces mêmes ailes. On les place ordinairement parmi les échassiers ; mais leurs habitudes les en distinguent.

Le principal est l'*autruche*, divisée en deux espèces : l'*autruche d'Afrique* et l'*autruche d'Amérique*. L'autruche d'Afrique vit en troupes dans les déserts sablonneux de l'Afrique et de l'Arabie : elle n'a que deux doigts à chaque pied ; sa tête est chauve, et sa taille s'élève quelquefois jusqu'à près de trois mètres. Les Arabes l'ont surnommée *oiseau chameau*, à cause

Fig. 184. — Râle.

de la conformité de ses pieds avec ceux du chameau, et parce que sa démarche a quelque chose qui rappelle ce quadrupède ; ils s'en servent quelquefois comme de monture. On la chasse pour sa chair, sa graisse, ses œufs, pour son cuir très-épais, pour les longues et belles plumes qui ornent sa queue et ses ailes, et dont nos dames se parent à leur tour. — L'autruche d'Amérique, appelée aussi *nandou*, et répandue surtout dans la Patagonie, se distingue de l'autre par sa taille moins élevée, sa tête garnie de plumes et les trois doigts de ses pieds ; son plumage est moins beau.

Les autruches se nourrissent généralement de végétaux ; mais, pour satisfaire leur faim dévorante, elles mangent souvent tout ce qu'elles trouvent : on en a vu qui avalaient du fer, du cuivre, des pièces de monnaie; quelquefois elles sont victimes de leur gloutonnerie. Les œufs de ces animaux pèsent jusqu'à deux ou trois livres ; leur coque est très-dure et peut servir de vase.

Le *casoar* a du rapport avec les autruches. Cependant il en diffère par des ailes beaucoup plus courtes et totalement inutiles à la course, par des plumes dont les barbes ressemblent de loin à du poil et à des crins tombants, enfin par un casque osseux dont sa tête est surmontée : c'est un oiseau stupide et glouton. On le trouve dans le sud-est de l'Asie et dans l'Australie, où l'*émou* est une de ses espèces.

Les **Gallinacés** tirent leur nom des mots latins *gallus*, *gallina*, qui signifient *coq* et *poule*. Le *coq* et la *poule*, en effet, ainsi que beaucoup de nos autres oiseaux de basse-cour, sont compris dans cette division intéressante. Les *dindons*, originaires de l'Amérique septentrionale, en font partie, de même que les *paons*, si remarquables par l'aigrette de plumes élégantes qui couronne leur tête, et par les yeux brillants qui sont peints sur les plumes de leur longue queue. Ce bel oiseau est originaire de l'Inde.

Les *monauls* ou *lophophores*, et les *éperonniers*, ornés de couleurs très-variées, très-éclatantes, et répandus dans le sud de l'Asie, appartiennent aussi à cet ordre d'oiseaux.

Les *faisans*, plus répandus, sont d'autres gallinacés, originaires de l'Asie, mais aujourd'hui fort communs en Europe : cependant c'est toujours dans ces contrées lointaines, et particulièrement en Chine, qu'il faut aller chercher le *faisan doré* et le *faisan argenté*, deux des plus magnifiques oiseaux. — On comprend encore parmi les faisans le *luen* ou *argus*, admirable par les yeux marqués sur toute l'étendue de ses ailes et de sa queue ; il se trouve dans le sud-est de l'Asie..

Les *pintades*, qui n'offrent pas à beaucoup près un aussi bel aspect, sont très-utiles : elles peuplent avantageusement les basses-cours des colonies équinoxiales ; elles ont sur la tête une petite proéminence osseuse en forme de casque.

Plusieurs gallinacés sont *pulvérateurs*, c'est-à-dire se plaisent à se rouler dans le sable ou dans la poussière : tels sont surtout les *tétras*, les *perdrix*, les *cailles*, remarquables par une chair très-estimée.

Nommons encore, parmi les gallinacés, les *pigeons* ou *colombes*, dont la *tourterelle* est une espèce.

Fig. 185. — Coucou.

Dans l'ordre d'oiseaux qu'on appelle **Grimpeurs**, les pieds ont deux doigts en avant et deux en arrière, ce qui donne à ces animaux une grande facilité pour s'accrocher aux branches et grimper sur les arbres. Tels sont les *pics*, dont le bec très-long est propre à fendre l'écorce des arbres pour y chercher les vers et les insectes ; ils se cramponnent aux troncs et les parcourent de bas en haut : une des espèces les plus connues est le *pic-vert*, nommé par abréviation *pivert*.

Un autre grimpeur célèbre est le *coucou*, qui se divise en une foule d'espèces, presque toutes remarquables par la beauté de leur plumage. Le *coucou ordinaire*, celui qui arrive dans nos bois au printemps et fait entendre au loin son cri monotone, est célèbre par sa singulière habitude de pondre dans des nids étrangers, et de laisser à d'autres oiseaux le soin d'élever ses petits. Le *coucou indicateur*, dans le midi de l'Afrique, est curieux par son instinct d'indiquer aux hommes les nids des abeilles sauvages : les Hottentots se guident généralement d'a-

Fig. 186. — Perroquet.

près lui pour aller à la recherche des ruches, et, lorsqu'ils les ont découvertes, ils laissent à leur conducteur quelques morceaux de miel pour récompense.

Il faut nommer encore, dans l'ordre des grimpeurs, les *jacamars*, oiseaux d'Amérique, remarquables par leur belle couleur émeraude ; — les *couroucous*, qui ont aussi un plumage élégant, et qu'on trouve dans la plupart des régions équinoxiales ; — les *toucans*, reconnaissables à leur énorme bec, et propres à l'Amérique méridionale.

Mais les oiseaux les plus intéressants de cet ordre sont assurément les *perroquets ;* la beauté de leur plumage, leur facilité à imiter la voix humaine et la plupart des autres sons, les font rechercher, et l'on en élève dans la plupart des contrées de l'Europe, quoique la zone torride soit leur patrie. Le plus docile des perroquets est le *kakatoès*, remarquable par sa belle couleur blanche et par la jolie huppe dont sa tête est surmontée : on le trouve dans le midi de l'Asie et dans l'Océanie. L'espèce qui apprend le plus aisément à parler est le *jaco*, ou *perroquet cendré*, qui habite l'Afrique. Les plus magnifiques de tous sont les *aras*, qui vivent en Amérique.

Les *perruches*, généralement de couleur verdâtre, sont plus petites que les autres perroquets.

Un grimpeur célèbre par ses habitudes sociales est l'*ani*, qui habite les contrées les plus chaudes de l'Amérique méridionale. Sa vie tout entière se passe dans la famille qui l'a vu naître ; réunis en société, les anis travaillent de concert à leur bonheur commun.

Des sept divisions des oiseaux, la plus nombreuse est celle des **Passereaux**. Au milieu de ce grand nombre d'oiseaux, citons d'abord les *tangaras*, qui se distinguent par la richesse éclatante de leur plumage, et dont quelques-uns ont reçu le nom de *cardinaux ;* ils habitent l'Amérique. — Dans le même pays se trouvent les *cotingas*, qui ont aussi des couleurs très-brillantes. — Les *drongos*, dans l'Inde, sont d'autres oiseaux superbes : ils sont noirs, et ont la queue terminée par deux longs brins ; ils joignent à leur belle parure un ramage harmonieux.

Les *pies-grièches*, répandues dans toutes les parties du globe, sont petites, mais armées d'un bec très-fort, et remarquables par leur caractère fier et courageux, et par leur voracité.

C'est aux passereaux qu'appartiennent les *merles*, les *grives*, les *loriots*, si communs en Europe. Le *loriot prince-régent*, dans le sud de l'Océanie, est un des plus beaux oiseaux qu'on puisse voir.

C'est parmi les merles que l'on place le *moqueur*, oiseau américain, célèbre par son chant varié et agréable, et par son singulier talent de contrefaire toutes sortes de cris et de ramages; mais, bien loin de rendre ridicules les chants étrangers qu'il répète, il paraît ne les imiter que pour les embellir. Les sauvages lui ont donné un nom qui signifie *quatre cents langues*. On le considère comme le premier des oiseaux chanteurs : il chante non-seulement avec goût, sans paraître se répéter,

Fig. 187. — Loriot.

mais encore avec âme, et il semble que les diverses passions qui l'affectent aient un ton particulier.

Les *jaseurs* sont de jolis passereaux dont la tête est surmontée d'une huppe. On les trouve par bandes nombreuses en Europe et en Amérique.

Dans l'Australie, on rencontre les *lyres* ou *ménures*, remarquables par la beauté de leur longue queue, dont les plumes extérieures sont courbées comme les branches d'une lyre.

On appelle *becs-fins* des oiseaux fort communs en France, et caractérisés par leur bec en forme d'alène, par leur petite taille, la mélodie de leur chant : plusieurs ne sont intéressants que par la délicatesse de leur chair. Tous sont migrateurs, c'est-à-dire arrivent avec le printemps, et repartent en automne. Le plus célèbre est le *rossignol*, qui nous charme par son ramage délicieux. Le *rouge-gorge* et le *roitelet*, les plus petits oiseaux de nos climats, la *fauvette*, l'excel-

Fig. 188. — Rossignol.

lent *becfigue*, sont d'autres becs-fins fort connus de tout le monde.

Parlons maintenant de l'*hirondelle*. On se sent porté à aimer cet oiseau intéressant, qui semble nous aimer lui-même, et que nous voyons rechercher avec tant d'empressement nos habitations. Comme nous saluons avec plaisir son joyeux retour au printemps ! Son vol gracieux et rapide nous plaît ; mais nous admirons surtout ses mœurs charmantes. La tendresse que les hirondelles montrent pour leurs petits est extrême ; elles ne les quittent que lorsqu'ils peuvent entièrement se passer de leurs soins. Quelle sollicitude dans l'instruction qu'elles leur

Fig. 189. — Lyre.

donnent pour les exciter à prendre leur vol, ou pour leur faire acquérir les moyens d'échapper aux oiseaux de proie, ou pour leur inspirer une ardeur guerrière! Elles montrent un penchant remarquable pour l'association : lorsqu'une d'elles a besoin de secours, ses compagnes arrivent en foule et viennent aussitôt lui prêter leur appui. Enfin, ce qui est le plus admirable dans l'histoire de ces oiseaux, ce sont les grands voyages qu'ils exécutent périodiquement, même à travers de vastes mers. Quel est l'instinct miraculeux qui leur fait retrouver avec précision le lieu qu'ils habitèrent l'année précédente, et le nid qu'ils construisirent avec tant d'art? Ajoutons que les hirondelles, en détruisant d'innombrables insectes nuisibles, nous rendent des services très-importants, et qu'elles ne nuisent en rien à nos récoltes, comme beaucoup d'autres passereaux. C'est donc par une odieuse ingratitude et par une coupable barbarie qu'on tourmente et qu'on chasse quelquefois ces animaux si dignes d'être épargnés.

Il existe dans le sud-est de l'Asie une petite hirondelle nommée *salangane*, qui construit son nid dans les rochers des bords de la mer. Les nids de salangane sont faits d'une matière transparente et assez semblable à la colle de poisson : ils sont un aliment fort recherché des Chinois.

Les *martinets* ressemblent beaucoup aux hirondelles; ils s'en distinguent par des ailes plus longues et par leur habitation dans des lieux plus élevés.

Les *engoulevents*, vulgairement appelés *crapauds volants*, caractérisés par l'énorme ouverture de leur bec, sont des oiseaux nocturnes, qui se rapprochent aussi des hirondelles.

Nous voyons ensuite les *alouettes*, les *mésanges*, au joli plumage; les *bruants*, dont une espèce est l'*ortolan*, célèbre par la délicatesse de sa chair, et commun dans le midi de l'Europe; les *moineaux*, qui mangent beaucoup de blé, mais qui rendent encore plus de services à l'agriculture en détruisant les chenilles ou d'autres insectes, comme le font d'ailleurs un grand nombre de passereaux; les *pinsons*, au chant gai; les *linottes*, dont le chant est agréable aussi; les *chardonnerets*, ornés de si jolies couleurs; les *bouvreuils*, également très-bien parés. Mais ils sont loin d'égaler la richesse du plumage des *oiseaux de pa-*

Fig. 190. — Hirondelle.

radis ou *paradisiers*, qui habitent la Nouvelle-Guinée et les îles voisines.

Les *tisserins*, en Afrique, sont des passereaux qui tissent habilement des fils pour la construction de leurs nids.

Les *serins*, qui rivalisent avec le rossignol par leur chant, se rencontrent à l'état sauvage dans le nord de l'Afrique et le midi de l'Europe : la plus grande espèce de serin est le *canari*, qui paraît originaire des îles Canaries.

Les *corbeaux* sont les plus grands passereaux de l'Europe ; ils sont voraces et destructeurs, mais intelligents et fins ; ils

Fig. 191. — Corbeau.

apprennent facilement à parler. C'est une propriété qu'on rencontre aussi dans le *geai* et la *pie*, répandus partout.

Le *céphaloptère*, dans l'Amérique méridionale, porte sur la tête une huppe très-élevée qui ressemble à une aile.

Les *huppes* sont remarquables aussi par une belle aigrette qu'elles ont sur la tête : celles qu'on voit en Europe n'y passent que la belle saison.

Les plus petits des passereaux, et même de tous les oiseaux, ce sont les *colibris*, admirables par l'éclat métallique de leur charmant plumage. Ils ne vivent que dans les parties chaudes de l'Amérique, où on les voit voltiger de fleur en fleur pour en sucer le nectar. On en distingue deux sortes : les *vrais co-*

libris, dont le bec est recourbé, et les *oiseaux-mouches*, dont le bec est droit.

Les *martins-pêcheurs* ou *alcyons* sont parés de couleurs

Fig. 192. — Oiseau-mouche et colibri.

élégantes ; ils se nourrissent de poissons, qu'ils saisissent en plongeant.

Parmi les plus gros passereaux, il faut placer les *calaos*, qui ont un bec très-volumineux et souvent surmonté d'une énorme proéminence arquée.

Il nous reste à parler des **Oiseaux de proie** ou des **Oiseaux rapaces.** Leur apparence a quelque chose de redoutable : leur bec est très-dur, très-fort, et présente une pointe aiguë qui se

Fig. 193. — Vautour.

recourbe en bas. Leurs pieds nerveux sont armés d'ongles crochus qu'ils peuvent avancer ou retirer à volonté. Tous vivent de chair, et ils attaquent sans cesse les autres oiseaux, les petits quadrupèdes, les reptiles, etc.

On divise les oiseaux de proie en *diurnes* et *nocturnes :* car les uns chassent pendant le jour, et les autres ne se mettent en mouvement que la nuit.

Parmi les DIURNES, se présente d'abord la nombreuse race

des *vautours :* la nudité de leur tête et d'une partie de leur cou ajoute encore à leur physionomie farouche. Du reste, ils attaquent rarement la proie vivante; ils se nourrissent ordinairement de corps morts et corrompus. On distingue le *vautour fauve*, le *vautour brun*, qui habitent l'ancien continent. Le *grand vautour des Andes*, ou le *condor*, est de tous les oiseaux celui qui s'élève le plus haut dans les airs. Le *roi des vautours*, ou l'*irubi*, qui vit en Amérique, est remarquable par les caroncules ou les chairs diversement colorées de sa tête et de son cou.

Les *cathartes*, autres vautours d'Amérique, sont moins forts que ceux-là et très-familiers : on les voit en foule dans les villes, où on les laisse errer paisiblement, parce qu'ils enlèvent une grande quantité d'immondices.

Les *gypaètes* ou *griffons* ont beaucoup de rapport avec les vautours ; ils s'en distinguent cependant par leur tête couverte de plumes ; des soies raides forment une forte barbe sous leur bec. Un des plus communs est le *gypaète des Alpes*, qu'on appelle aussi *vautour des agneaux*, parce qu'il s'empare souvent de ces petits quadrupèdes. Il attaque même les enfants.

Les *faucons* sont un genre très-considérable, dans lequel on réunit beaucoup d'oiseaux rapaces, d'apparences assez diverses, mais qui tous du moins ont pour caractère général le cou et la tête couverts de plumes. On y distingue les *faucons proprement dits*, animaux d'un courage et d'une force remarquables, et dont on s'est servi longtemps pour aller à la chasse ; — les *aigles*, qui sont les plus puissants des oiseaux de proie, et qui vivent sur les rochers escarpés des grandes chaînes de montagnes ; — les *autours*, beaucoup moins gros, et qui se divisent en *autours proprement dits* et *éperviers ;* — les *milans ;* — les *buses*, à l'air stupide. — C'est dans cette grande division que se trouvent encore les *messagers* ou *secrétaires*, ornés d'une huppe derrière le cou, portés sur de longs pieds, et offrant toujours la démarche d'un messager pressé.

Quant aux oiseaux de proie NOCTURNES, ils diffèrent de tous

les autres oiseaux et se rapprochent des mammifères par leur tête grosse et arrondie, par leurs grands yeux dirigés tous deux en avant et entourés d'un cercle de plumes effilées. Leur tête

Fig. 194. — Hibou.

est très-plumeuse ; leurs pieds mêmes sont souvent emplumés jusqu'aux ongles. Ils aiment les lieux inhabités, les forêts, et se tiennent cachés pendant le jour dans des retraites inaccessibles aux rayons du soleil ; ils n'en sortent que la nuit, ou pendant les crépuscules, pour aller chasser. Les *ducs* (parmi lesquels on remarque le *grand-duc*), les *chats-huants*, les *hiboux*, les *chouettes* (dont font partie les *chevèches*), sont les principaux animaux de cette division.

MAMMIFÈRES.

Voici la dernière classe d'animaux que nous avons à décrire ; mais c'est la première par son intelligence et par son importance dans la nature. Les mammifères font des petits vivants, et non des œufs ; ils ont des mamelles pour les allaiter ; leurs membres sont façonnés en mains, ou en pieds, ou en ailes, ou en nageoires : aussi distingue-t-on des mammifères terrestres, volants et aquatiques ; quelques-uns sont amphibies. La plupart sont des quadrupèdes, c'est-à-dire ont quatre pieds ; plusieurs sont quadrumanes, c'est-à-dire à quatre mains ; enfin il y en a de bimanes ou à deux mains.

Les mammifères ont les instincts les plus opposés ; il en est qui ne se nourrissent que de plantes : ce sont les *herbivores* ; — d'autres qui ne mangent que de la chair, ce sont les *carnivores* ; — enfin, il est quelques espèces qui font un mélange des deux alimentations : ce sont les *omnivores*.

On a divisé les mammifères en neuf grands ordres : les *cétacés*, les *ruminants*, les *pachydermes*, les *édentés*, les *rongeurs*, les *didelphes*, les *carnassiers*, les *quadrumanes* et les *bimanes*.

Les **Cétacés** ont un extérieur assez semblable à celui des poissons, et ils sont, comme eux, habitants des eaux ; mais leur organisation est réellement celle des mammifères ; ils ont, comme tous les autres animaux de cette classe, un sang chaud, des poumons, une voix, des mamelles pour l'allaitement de leurs petits. Ils sont forcés de venir fréquemment à la surface de l'eau pour respirer. Leur tête est généralement énorme et constitue quelquefois le tiers de toute la longueur de l'animal. Au fond de leur gueule, s'offre souvent un appareil particulier, au moyen duquel l'eau engloutie, en même temps que la proie, dans cette énorme cavité, est rejetée avec force par les narines, dont l'ouverture supérieure a reçu le nom d'*évent*. Cette eau, sortant avec bruit, forme quelquefois un jet de 5 à 7 mètres de haut. Il faut aussi remarquer que

Fig. 195. — Harponnage de la baleine.

la queue de ces animaux n'est pas verticale, comme celle des poissons, mais horizontale.

Les cétacés comprennent les plus grands de tous les animaux. Le plus célèbre est la *baleine*, qui atteint souvent plus de 25 mètres de longueur, et dont le poids va jusqu'à 150,000 kilogrammes.

Cet énorme animal n'a pas de dents proprement dites ; mais les deux côtés de sa mâchoire supérieure sont garnis de fanons, espèces de lames cornées, au nombre de huit ou neuf cents ; l'eau peut s'écouler entre les fanons, mais ils retiennent les petits animaux et les plantes marines dont la baleine se nourrit : ce sont ces parties qu'on emploie à une foule d'usages sous le nom de *baleines*. Un autre produit important que ce cétacé fournit à l'industrie, c'est l'huile abondante qu'on en retire. Enfin sa chair n'est pas dédaignée de quelques peuples ma-

Fig. 196. — Baleine.

ritimes, et ses grands os leur servent à construire leurs cabanes.

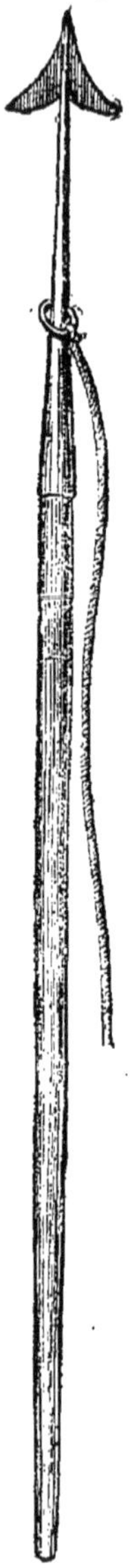

Fig. 197. Harpon.

Les baleines se pêchaient autrefois jusque sur nos côtes, et le golfe de Gascogne en avait beaucoup; mais elles ont disparu des mers tempérées. Aujourd'hui la pêche des baleines se fait surtout dans les mers du Nord, vers le Groenland et le Spitzberg, et dans les mers australes, principalement aux environs du cap de Bonne-Espérance, vers l'Amérique méridionale et dans le sud de l'Océanie. Elle est accompagnée souvent de grands dangers; plusieurs fois les barques montées par les hommes qui jettent un harpon au cétacé ont été frappées par l'animal et brisées en éclats. On rapporte que la chaloupe d'un baleinier nommé Jacques Wienkes fut ainsi soulevée et brisée par une baleine; Wienkes retomba sur le dos de celle-ci; sans se déconcerter, et, malgré une blessure grave qu'il s'était faite en retombant avec les éclats de la chaloupe, il harponna, avec son fer qu'il n'avait pas abandonné, la baleine qui l'emportait; il se mit ensuite à la nage, et fut rejoint par les barques de ses compagnons.

On a vu des indigènes américains atteindre la baleine à la nage, lui enfoncer à coups de maillet une forte cheville de bois dans l'un des évents, plonger avec elle, et, lorsqu'elle reparaissait, répéter la même manœuvre sur l'autre évent; le cétacé, suffoqué par le défaut de respiration, engloutissait une immense quantité d'eau, et expirait enfin asphyxié.

Les *cachalots* atteignent souvent la grandeur des baleines; leur instinct est plus féroce; leurs dents sont fortes et redoutables. Leur tête énorme fait quelquefois la moitié de la dimension de tout le corps, et contient, dans les grandes cavités de sa partie supérieure, une sorte d'huile figée connue sous le nom de *blanc de baleine* et employée pour faire des bougies. La substance odorante qu'on appelle ambre gris paraît être produite par ces animaux. Leur natation est extrêmement rapide. Ils voyagent par troupes immenses : on en rencontre, dans le Grand Océan, des bandes qui occupent des espaces de 60 ou 80 kilomètres, et ils poussent d'effroyables mugissements au milieu du combat.

Fig. 198. — Narval.

Les *narvals* ont aussi une natation d'une vitesse extraordinaire. Leur museau est armé d'une longue corne très-dure et très-pointue (quelquefois deux); ils sont extrêmement voraces.

Les plus répandus de tous les cétacés sont les *dauphins :* on les rencontre sur tous les points de l'Océan, et ils circulent en grand nombre autour des vaisseaux pour attraper quelque nourriture. C'est ce qui a fait croire qu'ils sont les amis de l'homme, et qu'ils recherchent sa société pour le plaisir de l'accompagner ou même de lui être utiles. Les *marsouins* en sont une espèce.

Il existe des cétacés herbivores qui paissent l'herbe du fond de la mer ou celle des côtes sur lesquelles ils viennent ramper.

Tels sont les *lamantins*, qu'on nomme aussi vaches marines, femmes marines ou sirènes, et qui vivent principalement à l'embouchure des fleuves : ils remontent souvent ceux-ci à de grandes distances.

Fig. 199. — Lama.

Les **Ruminants** sont munis de plusieurs estomacs (au moins quatre), et ont la propriété de *ruminer*, c'est-à-dire de faire revenir les aliments à la bouche après les avoir avalés une première fois dans leur premier estomac ou panse, et de les mâcher de nouveau.

Leurs pieds sont fourchus, c'est-à-dire terminés par deux cornes épaisses ou deux sabots : ce sont les seuls mammifères dont le front soit surmonté de cornes. Tous cependant n'en ont pas.

Nous commencerons même par décrire les RUMINANTS SANS CORNES. Le principal est le *chameau;* il est admirable par sa sobriété, sa docilité, et les services qu'il rend à l'homme dans tout l'ouest de l'Asie et le nord de l'Afrique. Il est malheureusement étrange et repoussant par sa conformation extérieure : la bosse ou les deux bosses dont son dos est surmonté offrent surtout l'aspect le plus disgracieux. Celui qui a deux bosses est le chameau turc ou de Bactriane; celui qui n'en a qu'une est le chameau d'Arabie. L'un et l'autre possèdent une poche stomacale où s'amasse une liqueur transparente, assez analogue à l'eau, et qu'ils peuvent faire remonter dans la bouche pour se désaltérer.

Quand ils sont rapides et plus propres à porter les voyageurs que les fardeaux, les chameaux prennent le nom de *dromadaires* (en arabe *mahara*).

Les *lamas* sont les chameaux du Nouveau-Monde : mais ils sont beaucoup plus petits que les véritables chameaux, et ils n'ont point de bosse sur le dos. On en distingue trois espèces, qui habitent généralement les Andes : la principale est le *lama proprement dit* ou *guanaco*, d'un naturel doux et patient, et dont on se sert souvent comme de bête de somme; les autres sont l'*alpaca* et la *vigogne*, qui donnent une laine très-fine.

Il faut encore indiquer, parmi les ruminants sans cornes, les *chevrotains*, élégants et légers petits animaux de l'Asie. Le chevrotain *porte-musc*, qui se plaît sur les plus hautes montagnes du centre de l'Asie, est célèbre par une poche située sous son ventre, et qui se remplit de cette substance odorante connue sous le nom de musc.

Il y a des RUMINANTS A BOIS, c'est-à-dire des ruminants dont les cornes ont l'apparence de bois souvent très-ramifiés, et tombent à de certaines époques, puis repoussent. Ces ruminants sont les *cerfs*, si agiles, si élégants.

Parmi les nombreuses espèces de cerfs, distinguons le *cerf commun*, le *daim* et le *chevreuil*, qui se voient dans presque toute l'Europe; — l'*élan*, qui vit par troupes dans les forêts marécageuses du Nord; — le *renne*, particulier aussi aux régions boréales, et si utile aux Lapons, qui s'en servent pour tirer les traîneaux sur la glace et la neige, et qui se nourrissent de sa chair et de son lait.

La *girafe* se distingue, entre tous les ruminants, par ses CORNES RECOUVERTES D'UNE PEAU VELUE, et par la longueur démesurée de son cou, sa grande taille, et surtout par la hauteur de ses jambes de devant, beaucoup plus longues que celles de derrière. Cet immense quadrupède, qui ne se trouve que dans l'Afrique centrale et méridionale, est d'un naturel très-doux. Il a souvent à redouter des ennemis terribles, et particulièrement le lion. Mais comme les girafes courent avec une grande rapidité, et que d'ailleurs elles savent parfaitement se défendre en se ruant sur leurs adversaires, elles parviennent fréquemment à les éviter.

Les autres ruminants ont des CORNES CREUSES et NUES. Remarquons-y d'abord l'utile espèce du *bœuf* et de la *vache* domestiques, principal soutien de notre agriculture. Mais sous le nom générique de bœuf on doit comprendre encore le *buffle*, qui vit sauvage dans les parties marécageuses des pays chauds de l'ancien continent, et qu'on a réduit à l'état domestique dans un grand nombre de contrées; le *bison*, ou *bœuf sauvage d'Amérique*, qui a la tête couverte d'une touffe énorme de poils laineux, et qui erre en troupeaux immenses dans les savanes des États-Unis; l'*urus*, ou *bœuf sauvage de Pologne*, d'une taille énorme, et confiné aujourd'hui dans les forêts les plus reculées des monts Carpathes : le *zébu*, ou *bœuf de l'Inde*, remarquable par une ou deux bosses graisseuses.

C'est encore parmi les bœufs que se trouve le *yak*, ou le *buffle à queue de cheval*, qu'on appelle aussi *vache grognante de Tartarie*, et qui vit au Tibet; il est célèbre par sa queue lustrée et flottante, dont les Chinois ornent leurs bonnets, et dont les Persans et les Turcs font des marques de dignité. Vous avez entendu parler souvent des pachas à deux *queues*, à trois *queues :* eh bien, ces queues honorifiques sont celles du yak. Cet intéressant animal commence à se naturaliser chez nous.

Un genre beaucoup plus nombreux encore est celui des *antilopes*. Ce sont des ruminants aux jambes minces et déliées, au poil ras, à la taille svelte et légère; les uns vivent dans les

Fig. 200. — Gnou.

montagnes les plus escarpées et courent de rocher en rocher avec une agilité extraordinaire; les autres habitent de préférence les plaines, les forêts et les marécages. C'est en Afrique et dans le sud-ouest de l'Asie que les antilopes sont le plus communes : la plus célèbre est la *gazelle*, qui se distingue par l'élégante légèreté de ses formes, la finesse de ses membres, la vivacité et la douceur de ses yeux noirs. — Une antilope bien différente est le *gnou*, qui a l'aspect farouche et la face couverte de poils abondants. — Le *saïga*, presque aveugle, erre par troupes innombrables dans les steppes de la Russie méridionale. — Le *chamois* ou *isard* est une antilope européenne qui erre sur les sommets neigeux des Pyrénées et des Alpes.

Les *chèvres* sont, de tous les ruminants domestiques, les plus

Fig. 201. — Chèvre du Tibet.

intelligents et les plus vifs. Nommons d'abord les *chèvres communes*, si abondantes dans toute l'Europe et dans toutes les contrées où les Européens se sont établis.

La *chèvre de Cachemire* et la *chèvre du Tibet* sont célèbres par leur poil soyeux et fin, dont on fabrique de précieux tissus. La *chèvre d'Angora*, qui habite l'Asie Mineure, a de longs poils qui servent de matière première dans la fabrication des camelots.

On comprend encore dans les chèvres le *bouquetin*, qui erre par petites troupes dans les grandes chaînes de montagnes, particulièrement dans les Alpes.

Les *moutons*, qui ont beaucoup moins d'intelligence et de vivacité, sont cependant encore plus précieux dans nos climats par leur laine abondante, qui sert à faire la plupart de nos vêtements chauds. Un des plus beaux moutons d'Europe est le *mérinos*, à la laine longue et soyeuse, qui paraît originaire du nord de l'Afrique et qui est aujourd'hui spécialement élevé en Espagne.

Le *mouflon*, qui a une laine très-courte, vit sauvage en Corse et en Sardaigne.

Le mot **Pachydermes**, tiré du grec, signifie *cuir épais* : on désigne ainsi des mammifères dont le cuir est épais et peu garni de poil. Généralement ils ont le port lourd et massif, et ils aiment à se plonger dans l'eau ou à se vautrer dans la fange. Le plus grand des pachydermes est l'*éléphant*, chez qui des proportions grossières et une masse lourde et informe s'unissent à beaucoup de finesse, de douceur et de docilité ; ses narines se prolongent en une trompe charnue, mobile en tous sens, et lui servent à la fois à attaquer, à se défendre, à toucher, à prendre les objets dont il a besoin. Cet organe jouit d'une force prodigieuse : l'animal l'emploie pour arracher les arbres, soulever les fardeaux qu'un homme aurait peine à remuer, ou bien pour terrasser son ennemi, qu'il écrase ensuite de la masse de son corps.

La mâchoire supérieure a deux dents très-longues, nommées défenses, qui sortent de la bouche en se recourbant vers le haut et dont la substance est l'ivoire, si recherché dans les arts. La couleur des éléphants est ordinairement noire ; mais elle s'altère souvent, et devient plus ou moins blanche, comme on le voit chez ceux de l'Indo-Chine, que l'on considère alors comme des animaux sacrés.

Les yeux de l'éléphant sont très-petits proportionnellement à son volume énorme ; mais ils sont pleins de vivacité et d'expression. Les mouvements de ce quadrupède sont peu faciles, et il a peu d'agilité ; mais, comme son pas a beaucoup d'étendue, il peut échapper en courant au cavalier le mieux monté.

Les éléphants vivent dans les contrées les plus chaudes de l'Afrique et de l'Asie, et ils recherchent partout les forêts épaisses et les lieux marécageux ; ils se tiennent par troupes plus ou moins nombreuses, toujours conduites par quelque vieux mâle. Leur nourriture consiste en herbes, en racines et en graines, qu'ils vont souvent chercher dans les champs cultivés, où ils occasionnent de grands ravages.

Dans plusieurs contrées de l'Asie, on les réduit à l'état domestique : on s'en sert comme de bêtes de somme, on les mène au combat ou à la chasse. Les plus beaux éléphants sont ceux de l'île de Ceylan ; mais ceux de la côte de Mozambique donnent l'ivoire le plus estimé. On en trouve un grand nombre dans le bassin du Nil supérieur, dans celui du Niger et du Sénégal et dans toute l'Afrique centrale. On les chasse pour leurs dents ; nulle part en Afrique on ne les a domestiqués.

Les *cochons* ou *porcs*, qui ont tant d'importance pour la nourriture de l'homme, répugnent par leurs formes lourdes et grossières, par leurs habitudes sales et ignobles ; ils ont, comme l'éléphant, des dents recourbées en haut et qui leur servent de défenses. On a réduit le cochon à l'état domestique dans une foule de pays.

Le *sanglier* est une espèce sauvage, répandue dans tout l'Ancien-Monde et dans l'Océanie.

Les *babiroussas*, qui lui ressemblent beaucoup, et qui vivent dans l'ouest de l'Océanie, ont deux sortes de défenses : celles de la mâchoire inférieure, et celles de la mâchoire supérieure, qui, perçant la peau du museau et se recourbant en arrière sur elles-mêmes, ressemblent à des cornes.

Un pachyderme beaucoup plus grand, mais d'un aspect non moins désagréable, est l'*hippopotame*, c'est-à-dire le *cheval des fleuves*. Son corps est très-massif, et supporté par des jambes très-courtes. Son museau est renflé à l'extrémité. Il ne se nourrit que de végétaux aquatiques, et vit au bord des grands fleuves de l'Afrique. Au moindre bruit qui l'épouvante, il se précipite sous l'eau, et pendant assez longtemps il peut se dispenser de venir respirer à la surface. C'est l'un des animaux les plus sauvages, et la chasse qu'on lui fait est fort dangereuse : sou-

Fig. 202. — Éléphans

vent il renverse les barques, et il se livre, lorsqu'il a été blessé, à d'effroyables accès de rage. Son cuir est tellement dur que les balles de plomb qui le frappent s'y aplatissent. Sa chair est fort bonne, et l'ivoire de ses dents est plus beau que celui de l'éléphant : on l'emploie particulièrement à la fabrication des dents artificielles.

Fig. 203. — Rhinocéros.

A côté de ce grossier quadrupède, vient se placer naturellement le féroce et stupide *rhinocéros*, qui porte sur le nez une ou deux grosses cornes, et qui habite les lieux marécageux et chauds de l'Asie et de l'Afrique.

Le *tapir*, dans l'Amérique méridionale, a le port du cochon ; mais il en diffère beaucoup par son groin, qui se prolonge en une petite trompe charnue.

Fig. 204. — Hippopotames.

Les *chevaux* sont des pachydermes très-différents des précédents par leurs proportions plus nobles et plus élégantes : sous ce nom on ne désigne pas seulement le *cheval ordinaire*, au caractère si souple, au maintien si beau, compagnon de l'homme partout : on y distingue encore beaucoup d'autres animaux ; par exemple, le *zèbre*, qui a la peau agréablement et symétriquement rayée de bandes brunes disposées sur un fond blanc : cette espèce habite par troupes nombreuses dans le milieu et le midi de l'Afrique ; elle a le caractère défiant et farouche, et ne peut s'apprivoiser.

Le *couagga*, le *dauw* et l'*onagga* sont d'autres jolies espèces qu'on trouve dans le sud de l'Afrique.

L'*hémione*, également remarquable par son élégance, vient du sud de l'Asie.

L'*âne* lui-même, si méprisé, et cependant si utile, si intelligent, appartient aussi à la race du cheval.

Les mammifères qu'on nomme **Édentés** ont été appelés ainsi parce qu'ils n'ont que peu de dents ; plusieurs en sont même entièrement privés. La difficulté de marcher est un des caractères de ces animaux. La plupart se creusent des terriers.

Les édentés les plus célèbres par la lenteur avec laquelle ils marchent sont les *bradypes* ou *paresseux*, dans l'Amérique méridionale ; ils grimpent cependant avec assez d'agilité. Ces animaux, couverts d'un poil grossier et cassant, vivent sur les arbres, qu'ils dépouillent de leurs feuilles ; ils passent d'une branche à une autre avec facilité, et c'est à tort qu'on a fait de leur existence le tableau le plus triste. On en distingue deux espèces : l'*unau* et l'*aï*.

Les *tatous*, qui habitent à peu près les mêmes contrées, ont le corps couvert d'écussons durs et cornés, qui, se réunissant, forment des espèces de boucliers sur le front, les épaules et la croupe de l'animal. On les voit souvent se rouler en boule, et présenter ainsi une résistance puissante à leurs ennemis. — Les *fourmiliers*, propres aussi à l'Amérique méridionale, sont entièrement privés de dents, et se nourrissent de fourmis, qui se collent sur leur langue gluante, lorsqu'ils l'allongent, comme un cordon, dans une fourmilière.

On trouve dans l'Australie des édentés singuliers qui paraissent tenir un peu de la conformation des oiseaux. Tel est l'*ornithorhynque*, qui a les pieds palmés et garnis d'ergots vé-

Fig. 205. — Fourmilier.

néneux, le museau aplati et semblable au bec des canards : il habite les rivières et les marais.

On remarque aussi l'*échidné*, qui a la tête mince, allongée, et terminée par une très-petite bouche ou une espèce de bec; son corps est ramassé et couvert de piquants : c'est un animal apathique, stupide, et qui recherche l'obscurité.

Les **rongeurs** ont reçu ce nom de ce qu'ils ne peuvent que limer ou ronger les substances dont ils se nourrissent : ils ont, en effet, à chaque mâchoire deux longues dents incisives fortement tranchantes ; ils sont privés de dents canines. La plupart se creusent des terriers ou se bâtissent des huttes, et quelques-uns passent l'hiver dans ces demeures, plongés dans un engourdissement complet.

Le plus intéressant de tous les rongeurs est certainement le *castor*, qui habite dans le nord de l'Europe et de l'Amérique.

Fig. 206. — Castor.

Ce sont les mammifères qui mettent le plus d'industrie à construire leur demeure ; mais tous ne sont pas doués d'une égale habileté, et ce sont surtout certaines espèces de l'Amérique septentrionale qui déploient un art extraordinaire. Ces espèces vivent en société. C'est en été qu'elles commencent leurs habitations ; elles font choix d'une rivière ou d'un lac, et creusent d'abord sous l'eau, à côté de la rive, un trou qu'elles poussent un peu en pente jusqu'à la surface du sol. De la terre qui sort de ce trou, les castors forment une petite hutte, dans laquelle ils mêlent une quantité de morceaux de bois et de pierres ; ils lui donnent la forme d'un dôme, dont la hauteur est quelquefois de 2 ou 3 mètres au-dessus de l'eau. A mesure qu'ils élèvent leur hutte, ils en creusent l'intérieur pour former le logement qui doit les recevoir avec leur famille. Ils pratiquent en avant de ce logement une descente en pente douce qui aboutit à l'eau : c'est une sorte de vestibule par où l'animal entre dans sa demeure et en sort. La cabane n'a pas d'issue du côté de la terre, pour que les ennemis puissent moins facilement s'y introduire.

A côté de ce vestibule, se trouve le magasin pour les provisions : c'est là que le castor entasse les racines, les branchages et les écorces qui doivent le nourrir pendant la mauvaise saison.

Lorsque les castors ont besoin de quelque charpente, ils vont chercher des arbres; à défaut d'arbrisseaux, ils abattent même d'assez gros troncs : si le végétal qu'il s'agit d'emporter est petit, ils le coupent d'un seul coup de dents, et aussi net qu'avec une serpette; mais lorsque l'arbre est fort, ils le rongent tout à l'entour, et finissent par le faire tomber; puis ils en détachent toutes les branches, qu'ils coupent en morceaux susceptibles d'être chargés sur leurs épaules ou traînés avec les dents, et poussent ensuite le tronc vers la rivière : là ils le conduisent à flot jusqu'à sa destination.

Les castors ne bâtissent pas seulement des huttes ; ils font encore des digues pour garantir leurs habitations contre la force des eaux; ils élèvent des espèces de ponts, etc.

La queue du castor est aplatie horizontalement et couverte d'écailles; elle ne leur sert pas, comme on l'a dit, de truelle pour disposer les matériaux de leur travail; mais, quand ils nagent, elle accélère beaucoup leur vitesse. Ils se servent de leurs pattes de devant pour porter la nourriture à la bouche.

Les castors ont une peau superbe, très-recherchée dans le commerce, soit pour les fourrures, soit pour la fabrication des chapeaux : aussi fait-on une chasse active à ces intéressants animaux.

Parmi les autres rongeurs, se présentent le *rat*, la *souris*, le *loir*, le *mulot*, le *surmulot*, qui sont, dans nos maisons ou dans nos vergers, des hôtes importuns et nuisibles.

Le *campagnol*, qui fait un tort incalculable aux champs, offre une espèce fort curieuse, connue sous le nom de *campagnol économe :* on l'a nommé ainsi parce qu'il a soin de ramasser pendant l'été de nombreuses provisions qu'il dépose dans son trou pour la mauvaise saison. Ce campagnol habite la Sibérie. Son domicile est une chambre de 9 ou 10 centimètres de hauteur, de 30 centimètres de large, et garnie d'un lit de mousse : de cette chambre partent plusieurs chemins en forme de boyaux, qui conduisent souvent à d'autres chambres plus vastes, sortes de magasins où l'animal apporte pendant toute la belle saison des graines et de petits morceaux de racines. Ces magasins renferment beaucoup de choses : on en a vu qui contenaient plus de 15 kilogrammes de provisions. Les campagnols émigrent quelquefois : lorsqu'une excursion de ce genre est résolue, ils se rassemblent de toutes parts en grandes troupes, et bientôt ils se mettent en route. Il y en a des colonnes si nombreuses, qu'il leur faut au moins deux heures pour défiler.

Le *hamster* est un autre rongeur fort nuisible par la quantité de blé qu'il enfouit dans ses profonds souterrains.

Le *lemming*, ou *rat de Norvége*, est peut-être plus destructif encore : comme le campagnol, il voyage par troupes nombreuses et avec un certain ordre : dans leurs excursions aventureuses, les lemmings marchent toujours en ligne droite ; aucun obstacle ne les arrête ; ils traversent même les rivières à la nage.

Les *chinchillas*, dans l'Amérique méridionale, sont intéressants par les fourrures qu'ils fournissent.

En Afrique, et dans quelques parties de l'Asie, on trouve la *gerboise*, remarquable par sa queue longue et touffue, et par l'étendue démesurée de ses pieds de derrière.

La *marmotte* est un rongeur répandu dans les hautes montagnes, et principalement dans les Alpes. Pendant l'hiver elle tombe en léthargie ; mais elle a eu soin de se creuser d'avance de spacieuses et profondes retraites, et lorsque les froids arrivent, elle va s'y renfermer ; elle demeure ainsi plusieurs mois sans mouvement et sans nourriture. On remarque que les marmottes sont très-grasses lorsqu'elles s'endorment dans leur demeure d'hiver, et qu'elles sont excessivement maigres à leur réveil. Sous une apparence assez stupide, ces animaux cachent beaucoup de sagacité : pris jeunes, ils s'apprivoisent facilement; ils apprennent aisément à saisir un bâton, à gesticuler, à danser : aussi les pauvres petits Savoyards, qui en trouvent

Fig. 207. — Gerboise.

beaucoup dans les montagnes, les ont-ils offerts souvent à la curiosité des habitants de nos villes.

Le plus agile, le plus gai, le plus joli des rongeurs est l'*écureuil :* c'est aussi l'un des plus intelligents. Il vit généralement sur les arbres, où on le voit passer de branche en branche et grimper le long des troncs avec une grâce et une promptitude charmantes. Un des écureuils les plus célèbres par la beauté de leur peau est le *petit-gris*, qui appartient aux pays du Nord.

Le *polatouche*, qu'on appelle aussi *écureuil volant*, a une conformation singulière : la peau de ses flancs, élargie en membrane, et étendue entre les pattes de devant et celles de derrière, lui donne la faculté de voltiger d'un arbre à l'autre.

Nommons encore, parmi les rongeurs, le *porc-épic*, commun dans le midi de l'Europe, et remarquable par les longs piquants dont son corps est couvert; — le *lièvre*, qui comprend deux espèces, le *lièvre commun* et le *lapin*; — le *cobaye*, qui est originaire de l'Amérique méridionale, et dont le *cochon d'Inde* est une espèce.

Fig. 208. — Écureuil volant.

Occupons-nous maintenant des singuliers animaux qu'on nomme **Didelphes** ou **Marsupiaux**. Chez ces quadrupèdes, les petits naissent encore informes et sans qu'on puisse distinguer leurs membres : ils s'attachent aux mamelles de la mère, et y restent fixés jusqu'à ce qu'ils aient pris un accroissement analogue à celui qu'ont les autres mammifères en venant au jour. Les mamelles sont ordinairement placées dans une poche ou bourse que forme sous le ventre un repli de la peau : lorsque les petits s'en détachent pour commencer à marcher, on les voit encore, pendant quelque temps, s'y réfugier à la moindre apparence de danger. Chez les didelphes où la poche est peu développée, ou qui en sont tout à fait dépourvus, les petits, après s'être détachés de la mamelle, montent sur le dos de leur mère, et s'y cramponnent pendant qu'elle court, en roulant leur queue autour de la sienne. Ces animaux ne se

Fig. 209. — Kangurou.

trouvent que dans l'Amérique et l'Océanie. Ce sont les principaux mammifères de l'Australie.

Parmi les didelphes, on distingue les *sarigues*, en Amérique; — les *phalangers*, qui habitent l'Australie, et dont un des plus remarquables est le *phalanger volant*, que la peau de ses flancs, étendue comme celle du polatouche, soutient en l'air quelques instants.

Les plus grands de tous les didelphes sont les *kangarous* ou *kangurous*, également propres à l'Australie : ils ont les membres postérieurs beaucoup plus larges et plus longs que les antérieurs, et se tiennent presque toujours sur les pieds de derrière, en s'appuyant sur leur queue comme sur un troisième pied. Ils marchent par bonds, et franchissent en un saut de très-grands espaces.

Les *wombats* ou *phascolomes*, qui habitent aussi l'Australie, sont des animaux nocturnes et fouisseurs, à peu près de la grosseur d'un mouton.

Le nom de **Carnassiers**, qu'on donne à l'une des grandes divisions des mammifères, ne doit pas faire croire que tous les animaux qu'elle renferme ont un instinct cruel et féroce. Il signifie seulement que tous se nourrissent de matières animales.

Nous y remarquons les *phoques*, plutôt aquatiques que terrestres, et d'une apparence semblable à celle des poissons; ils passent la plus grande partie de leur vie dans la mer, et viennent de temps en temps sur le rivage, où ils allaitent leurs petits; ils se trouvent surtout dans les mers froides, aussi bien dans le nord que dans le sud. On les nomme, suivant les espèces, *veaux marins*, *lions marins*, *éléphants marins*.

On emploie leur peau comme vêtement et comme chaussure, et ils fournissent une huile très-abondante; aussi en fait-on une pêche active.

Les *morses*, qui tiennent d'assez près aux phoques, ont de fortes défenses qui ont la valeur du plus bel ivoire, et leur graisse donne une huile excellente. Ils sont très-nombreux dans les mers arctiques.

Les *martes* ou *martres* sont de petits carnassiers extrêmement avides de chair, et qui s'insinuent, pour saisir leur proie, dans de très-étroites ouvertures, où d'abord il semblerait impossible qu'elles pussent passer. On y distingue la *marte ordinaire*, l'*hermine*, la *zibeline*, qui donnent de riches fourrures, et qui toutes habitent les régions du Nord.

La *belette*, la *fouine*, le *furet*, sont des espèces de martes communes dans nos climats.

Les *moufettes*, assez semblables aux martes, ne se trouvent qu'en Amérique : elles sont fameuses par l'odeur épouvantable qu'elles répandent ; ce qui les fait appeler *bêtes puantes* par les Américains. Leur peau est fort recherchée.

La *loutre* est un carnassier à la tête plate et aux pieds palmés,

Fig. 210. — Massacre des phoques.

qui se tient presque toujours près des eaux ; elle nage et plonge avec la plus grande facilité pour saisir le poisson. Sa peau est employée pour faire des bonnets et des casquettes.

Le *chien* est un des genres les plus importants des carnassiers. Outre le *chien domestique*, si précieux pour l'homme par son dévouement, sa fidélité et mille autres qualités remarquables, il comprend encore le *loup*, le *renard*, dont il est inutile de faire ici la description connue; le *chacal*, qui vit en Afrique et dans l'ouest de l'Asie, et qui se creuse des terriers où il passe une grande partie du jour pour n'en sortir que la nuit.

La *civette*, à la tête allongée et au museau pointu, habite l'Afrique et le sud de l'Asie; elle est célèbre par la matière odorante qu'elle contient dans une poche située près de l'anus : cette matière, connue aussi sous le nom de civette, a été souvent employée en médecine.

L'*ichneumon*, ou *rat de Pharaon*, est un animal assez semblable aux martes et aux civettes, qui habite l'Afrique et l'Asie. Il était chez les Egyptiens l'objet d'un culte religieux, sans doute parce qu'il leur rendait de grands services en détruisant les rats, les serpents et d'autres animaux nuisibles. Il s'apprivoise facilement, et suit son maître aussi fidèlement qu'un chien; il est doux et caressant.

En Afrique et dans l'occident de l'Asie vit un carnassier fort et cruel, nommé *hyène :* le poil de son dos est relevé en crinière; ses jambes antérieures sont plus élevées que les postérieures; son aspect est farouche. C'est pendant la nuit que les hyènes vont chercher leur proie : elles se nourrissent de chairs putréfiées; souvent elles s'introduisent dans les cimetières et déterrent les cadavres pour en faire leur nourriture. En Orient, elles entrent dans les villes pour dévorer les viandes qu'on jette aux portes.

Les zoologistes désignent, sous le nom de *chat*, non-seulement l'animal domestique que nous élevons dans nos habitations pour les purger des rats et des souris, mais un grand nombre d'autres carnassiers, la plupart bien plus grands que le chat ordinaire. Ce sont, de tous les mammifères, ceux qui ont le plus d'appétit pour la chair, et ils aiment à se repaître de proie vivante et palpitante. Ils sont prudents et rusés, et ils surprennent leur ennemi plutôt qu'ils ne l'attaquent.

Le plus grand et le plus belliqueux de tous les carnassiers, le *lion*, appartient à ce genre. Il se trouve dans toute l'Afrique et dans le sud de l'Asie.

Vient ensuite le *tigre*, plus féroce que le lion, et plus ardent

Fig. 211. — Tigre.

encore pour le carnage : il habite dans le midi et le centre de l'Asie : on en trouve surtout d'énormes dans le delta marécageux du Gange.

On confond quelquefois avec le tigre la *panthère* et le *léopard*, qui vivent particulièrement en Afrique, et qui ont aussi entre eux beaucoup de ressemblance : tous deux ont une peau mouchetée; mais les taches sont en forme d'yeux ou d'anneaux dans la première, et en forme de roses chez le second.

L'*once* se trouve en Asie et en Afrique ; on l'apprivoise en Perse pour faire la chasse aux gazelles.

Le *guépard*, ou *tigre chasseur*, devient domestique aussi dans l'Inde pour la chasse.

Le *lynx* ou *loup-cervier* se rencontre en Europe dans plusieurs pays montagneux et couverts de forêts; il est remarquable par sa vue perçante. Le *lynx de Moscovie*, qui se trouve en Sibérie, fournit une des fourrures les plus estimées.

Les plus grandes espèces de chats que possède l'Amérique sont le *jaguar*, le *couguar* ou *tigre rouge*, ou *lion des Péruviens*, et le *chat-bai* ou *chat-cervier :* mais ils sont loin d'égaler par leur taille les tigres ou les lions de l'Ancien-Monde.

Plusieurs forêts de l'Europe nourrissent un *chat sauvage* qui est un peu plus gros que notre *chat domestique ordinaire*, mais qui lui ressemble d'ailleurs parfaitement, et sans doute celui-ci n'est que le même animal qu'on a réduit en domesticité.

Le *chat d'Angora* est un autre chat domestique, remarquable par son long poil, et originaire de l'Asie.

Il y a plusieurs carnassiers qui passent l'hiver sans prendre de nourriture et dans un état d'engourdissement : tel est l'*ours*, qui se plaît dans les hautes montagnes; il est généralement *noir* ou *brun;* cependant on rencontre dans les régions polaires l'*ours blanc*, qui est grand et très-féroce, et qu'on voit s'aventurer quelquefois sur les glaçons flottants pour se transporter d'un pays à un autre.

Tel est encore le *blaireau*, qui a la grosseur d'un renard, et qui se creuse des terriers tortueux dans les forêts retirées; c'est la nuit qu'il va chercher sa proie; son poil long et bien fourni est employé à divers usages.

Le *hérisson* est un petit carnassier, qui se creuse des terriers profonds et mène presque toujours une existence souterraine;

Fig. 212. — Chats domestiques.

il a le corps couvert de piquants, et se resserre en boule quand il est attaqué. Il est utile à l'homme en détruisant beaucoup d'insectes et de rongeurs nuisibles, même des serpents venimeux.

Le plus petit mammifère connu est la *musaraigne* ou *mu-*

sette, qui se tient dans les sables, dans les terres faciles à remuer, sous les herbes, sous la mousse.

La *taupe*, au museau allongé, aux yeux extrêmement petits, à l'ouïe très-fine, et aux pattes de devant élargies en forme de pelle pour fouir le sol, où elle fait en un instant de longs chemins souterrains, contrarie souvent les agriculteurs et les jardiniers en élevant de petits monticules pour pouvoir respirer; mais elle rend encore plus de service qu'elle ne fait de mal, car elle détruit beaucoup de vers blancs et d'autres insectes.

Il est des carnassiers qui ont la propriété de voler et auxquels on donne le nom de *chiroptères* (prononcez *khiroptères*) : en effet, un repli de leur peau s'étend entre les membres, et aussi entre les doigts, de manière que l'animal peut frapper l'air comme s'il avait des ailes : telles sont les *chauves-souris*, qu'on a longtemps placées parmi les oiseaux; généralement nocturnes, elles restent durant tout le jour cachées dans quelque caverne, dans quelque trou de muraille, où elles se tiennent accrochées par leurs pieds de derrière, en s'enveloppant de leurs espèces d'ailes comme d'un manteau. Le soir, au crépuscule, elles se montrent, et vont alors à la recherche de leur nourriture, qui se compose d'insectes et quelquefois de fruits.

Ces animaux ont les sens de l'ouïe et du toucher très-développés : des chauves-souris qu'on a privées d'yeux savent parfaitement se conduire, et même éviter un fil placé sur leur route. Elles sont atteintes pendant l'hiver d'une sorte d'engourdissement, pendant lequel elles demeurent accrochées à la voûte des cavernes ou blotties dans quelque trou. Lorsqu'on les trouve dans cet état, on peut les remuer, les jeter même en l'air, sans qu'elles donnent le moindre signe de vie.

La répugnance et la crainte qu'inspirent généralement les chauves-souris de nos climats (dont la plus commune est le *vespertilion*), sont sans fondement : elles ne sont point nuisibles, et rendent même service en détruisant beaucoup d'insectes importuns.

Les seules espèces qu'on puisse redouter sont, dans l'Amérique méridionale, les *vampires* et les *phyllostomes*, qui viennent sucer le sang des animaux et de l'homme même, lorsqu'ils les trouvent endormis.

Les *roussettes* sont de très-grandes chauves-souris de la Malaisie et de l'Asie méridionale : on les recherche pour leur chair.

Fig. 215. — Chauve-souris.

On trouve, dans l'occident de l'Océanie, des animaux qui ont beaucoup de rapport avec les chauves-souris : ce sont les *galéopithèques*, c'est-à-dire les belettes-singes : on les appelle aussi chats volants, civettes volantes et singes volants. La membrane qui sert d'aile est couverte de poil, et ne suffit pas pour faire voler longtemps l'animal; elle ne peut que le soutenir un instant en l'air et le faire voltiger de branche en branche.

Au-dessus des carnassiers, s'offrent les **Quadrumanes**, c'est-à-dire les animaux à quatre mains : ce sont les mammifères qui se rapprochent le plus de l'homme, dont ils imitent facilement les gestes et l'adresse. Ils vivent dans les forêts des contrées chaudes, et la plupart séjournent habituellement sur les arbres.

Les uns n'ont point de queue, d'autres en ont une qui est souvent susceptible d'entourer les corps pour les saisir comme une main.

Il y a, dans cette division, deux familles, dont la plus éloignée de l'homme est celle des *lémuriens*, au museau allongé et étroit, comme celui des renards, et au pelage laineux et abondant. Les *makis*, communs à Madagarcar, en sont le genre principal ; ce sont des animaux très-intelligents et qui s'apprivoisent facilement.

L'autre famille, beaucoup plus importante, est celle des *singes*. On en trouve dans toutes les parties équinoxiales du globe.

Ceux de l'Amérique s'éloignent plus de l'homme que les autres, et ils sont tous pourvus de queue : leurs genres les plus remarquables sont les *sapajous*, les *sagouins* ;— les *titis*, les *ouistitis*, jolis petits animaux ;— les *alouates* ou *singes hurleurs*, qui sont de faible taille, et dont le cri cependant est plus fort que celui d'aucun animal connu.

Les singes de l'Ancien-Monde sont extrêmement variés : les uns ont une queue : par exemple, les *guenons*, les *macaques*, auxquels appartient l'espèce nommée *magot*, et les *cynocéphales*, dont le museau allongé ressemble à celui d'un chien.

On trouve, parmi ces derniers, des singes très-grands et remarquables par leur caractère féroce, brutal et indomptable : tels sont le *babouin*, le *papion*, le *mandrill*, et le *tartarin*, le plus méchant et le plus fort de tous.

Quant aux singes sans queue, plusieurs sont tellement rapprochés de l'organisation humaine, qu'ils ont reçu le nom d'*hommes des bois :* quatre surtout sont célèbres : le *gibbon*, originaire du midi de l'Asie, et remarquable par la longueur de ses bras ; — l'*orang-outang*, dans le sud de l'Asie, et aussi dans la Malaisie; — le *gorille*, qui habite la Guinée, espèce très-grande, extrêmement redoutable, et dont la force et la férocité ont été quelquefois comparées à celles du lion; il atteint souvent une taille très-élevée; — enfin le *chimpanzé* ou *jocko*, qui ne se trouve que dans l'Afrique : il lui est facile de se tenir sur les membres inférieurs, et, lorsqu'il s'appuie sur un bâton, il peut marcher debout pendant un temps assez long. Quand on prend les chimpanzés jeunes encore, ils sont susceptibles d'une éducation très-variée. Ils apprennent à se tenir convenablement à table; ils mangent de tout, mais aiment principalement les sucreries; ils se servent du couteau, de la fourchette et de la cuiller pour couper et prendre leurs mets. Ils reçoivent avec politesse les personnes qui viennent les visiter, et les reconduisent ensuite.

« Je fus un jour, dit M. Flourens, visiter un chimpanzé avec un illustre vieillard, observateur fin et profond. Un costume un peu singulier, une démarche lente et débile, un corps voûté, fixèrent, dès notre arrivée, l'attention de l'animal. Il se prêta avec complaisance à tout ce qu'on exigea de lui, l'œil toujours attaché sur l'objet de sa curiosité. Nous allions nous retirer, lorsqu'il s'approcha de son nouveau visiteur, prit, avec douceur et malice, le bâton qu'il tenait à la main, et, feignant de s'appuyer dessus, courbant son dos, ralentissant son pas, il fit ainsi le tour de la pièce où nous étions, imitant la pose et la marche de mon vieil ami. »

Enfin, au-dessus des quadrumanes, vient l'ordre des **Bimanes**, c'est-à-dire des êtres à *deux mains*.

Cet ordre comprend l'*homme*, le seul, parmi les mammifères, qui marche naturellement debout, et se soutienne droit et élevé.

Tout marque dans son aspect sa supériorité sur tous les êtres vivants. « Son attitude, dit Buffon, est celle du commandement; sa tête regarde le ciel, et présente une face auguste, sur laquelle est imprimé le caractère de sa dignité; l'excellence de sa nature perce à travers tous les organes matériels, et anime d'un feu divin tous les traits de son visage; son port majestueux, sa démarche ferme et hardie, annoncent sa noblesse et son rang. »

Son histoire est assurément la plus attrayante et la plus instructive; l'étude de ses diverses races, de leur distribution sur la terre et de leurs mœurs offre un grand charme et un grand intérêt : mais, précisément à cause de son importance, elle ne peut trouver place dans ce petit volume : elle est l'objet d'autres ouvrages tout spéciaux, auxquels nous renvoyons nos lecteurs.

Nous nous arrêtons donc ici. Peut-être cette esquisse rapide que nous venons de terminer suffira-t-elle pour inspirer aux jeunes gens le désir de pénétrer plus avant dans la science que nous n'avons fait qu'effleurer. Puissions-nous les avoir assez intéressés pour leur faire aimer l'histoire de la nature, et pour laisser dans leur âme une idée profonde et durable des merveilles de la création et de la sagesse infinie du Créateur!

FIN

TABLE DES MATIÈRES

TABLE DES FIGURES

Paris. — Imprimerie Arnous de Rivière, rue Racine, 26.

Extrait du Catalogue de la Librairie Hachette et Cie

Barrau-Heuzé : *Simples notions sur l'agriculture*, les animaux domestiques, l'économie agricole et la culture des jardins. Édition refondue par M. G. Heuzé, inspecteur général de l'agriculture. 1 vol. in-16, avec 78 figures, cartonné . . . . 1 fr 50

Calemard de La Fayette : *Petit Pierre ou le bon cultivateur*. 1 vol. in-16, avec 27 figures, cartonné . . . . 1 fr. 10

Figuier (L.) : *Les grandes inventions modernes* dans les sciences, l'industrie et les arts : 6e éd. 1 vol. in-16, av. 138 fig., cart. 1 fr. 50

Garrigues et **Boutet de Monvel** : *Simples lectures sur les sciences, les arts et l'industrie*. 1 fort vol. in-16, av. 137 fig., cart. 1 fr 80

Habert, ancien professeur de législation et d'économie politique à l'école normale de Cluny : *Leçons familières d'économie politique*. 1 vol. in-16, cartonné . . . . 1 fr. 50

Jost, inspecteur primaire à Paris, et **Humbert** : *Lectures pratiques*, destinées aux élèves du cours élémentaire. Leçons sur les choses usuelles ; 4e éd. 1 vol. in-16 avec 52 grav. dans le texte, cart. 90 c.

Ouvrage dont l'usage est autorisé dans les écoles communales de la ville de Paris.

Jost et **Braeunig**, sous-directeur de l'École alsacienne : *Lectures pratiques*, cours moyen et cours supérieur. 1 vol. in-16, cart. 1 fr. 50

— *Musée des écoles*. Collections de spécimens et d'échantillons de matières brutes et ouvrées destinées à l'enseignement pratique des leçons de choses et à l'enseignement des sciences naturelles. Chaque collection est contenue dans une boîte en bois à compartiments : boîte n° 1, *pierres et métaux* ; boîte n° 2, *bois, céramique, verre* ; boîte n° 3, *chauffage et éclairage*.

Chaque boîte d'environ 115 échantillons étiquetés . . . . . 28 fr.

Un catalogue expliqué dans lequel le maître trouvera les éléments essentiels des leçons des choses, se trouve dans chaque boîte.

Poiré, professeur de physique et de chimie au lycée Fontanes : *Simples lectures sur les principales industries* ; 3e édition. 1 vol. in-16, avec 163 figures dans le texte, cartonné. . . . . . . 1 fr. 50

— *Premières notions sur l'industrie*, extraites du précédent ouvrage. 1 vol. grand in-18, avec 71 figures, cartonné . . . . 80 c.

L'usage de ces deux ouvrages est autorisé dans les écoles communales de la ville de Paris.

Rey (Mme), née Périer : *Simples entretiens sur la physique et la cosmographie* ; 2e éd. 1 vol. in-16, av. 67 fig. dans le texte c. 1 fr 25

Ouvrage dont l'usage est autorisé dans les écoles communales de la ville de Paris.

Saffray (Dr) : *Leçons de choses*. 2 vol. in-16, cartonnés :

Livre du maître, contenant 44 leçons méthodiques avec questionnaires. 1 vol. . . . . 1 fr 50

Livre de l'élève, contenant le résumé de 44 leçons avec questionnaires 341 grav. 1 vol. 1 fr. 50

Ouvrage dont l'usage est autorisé dans les écoles communales de la ville de Paris.

Simon (Jules) : *Le livre du petit citoyen*, entretiens familiers sur la loi, l'école, la commune, le devoir militaire, l'impôt, l'administration, les pouvoirs publics, les tribunaux, la caisse d'épargne, les élections, etc. ; 2e édition. 1 vol. in-16, cartonné . . . . 1 fr. 10

Ouvrage pouvant servir de livre de *lectures civiques* dans les écoles primaires et dont l'usage est autorisé dans les écoles communales de la ville de Paris.

Paris. — Imprimerie Arnous de Rivière, rue Racine, 26.

www.ingramcontent.com/pod-product-compliance
Ingram Content Group UK Ltd.
Pitfield, Milton Keynes, MK11 3LW, UK
UKHW021911290826
14628UKWH00020B/354

9 782016 185520